U0453765

高职高专机械系列教材

AutoCAD
项目式教程

AutoCAD XIANGMUSHI
JIAOCHENG

◎主　编　孟　灵　沈　锋
◎副主编　王　群　赵　丽　陈　明
　　　　　黄贞贞　甘志强

重庆大学出版社

内容提要

本书由浅入深、循序渐进地设计了 4 个项目、12 个具体任务,内容涵盖 AutoCAD 命令的介绍、绘图技巧的讲解、绘图基础、图层管理、块与属性、文字与尺寸标注、参数化绘图、图形打印输出等,旨在培养实用型技术技能人才。

本书可作为职业本科院校和高等职业院校机械类及近机械类计算机辅助设计(绘图)课程的教材,也可作为企业内部培训或工程技术人员自学用书。

图书在版编目(CIP)数据

AutoCAD 项目式教程 / 孟灵,沈锋主编. -- 重庆:重庆大学出版社,2025.1. --(高职高专机械系列教材). -- ISBN 978-7-5689-4966-8

Ⅰ. TP391.72

中国国家版本馆 CIP 数据核字第 20246EC171 号

AutoCAD 项目式教程

主 编 孟 灵 沈 锋
副主编 王 群 赵 丽 陈 明
黄贞贞 甘志强
策划编辑:范 琪

责任编辑:张红梅 版式设计:范 琪
责任校对:谢 芳 责任印制:张 策

*

重庆大学出版社出版发行
出版人:陈晓阳
社址:重庆市沙坪坝区大学城西路 21 号
邮编:401331
电话:(023)88617190 88617185(中小学)
传真:(023)88617186 88617166
网址:http://www.cqup.com.cn
邮箱:fxk@cqup.com.cn(营销中心)
全国新华书店经销
重庆华林天美印务有限公司印刷

*

开本:787mm×1092mm 1/16 印张:15.5 字数:388 千
2025 年 1 月第 1 版 2025 年 1 月第 1 次印刷
ISBN 978-7-5689-4966-8 定价:49.80 元

本书如有印刷、装订等质量问题,本社负责调换
版权所有,请勿擅自翻印和用本书
制作各类出版物及配套用书,违者必究

前言
Foreword

　　AutoCAD 已在航空航天、造船、建筑、机械、电子、化工、轻纺等众多领域得到广泛应用。目前与之相关的书籍种类繁多，但普遍重知识结构而轻应用，案例练习偏少。为解决"怎么学"和"怎么用"，培养实际应用技能，本书编写组在合理确立每个学习项目的素养目标的基础上，按照高等职业院校 AutoCAD 课程开设的特点，结合当前职业教育教学改革的要求，融合工程制图及相关国家标准，采用"项目—任务"编写模式编写了本书。

　　本书是一本新形态教材，全书以 AutoCAD 2022 中文版为基础，围绕最新的机械绘图中心思想，依托已建设完成的在线开放课程，精心组织了 4 个项目、12 个任务，内容包括 Auto-CAD 命令的介绍、绘图技巧的讲解、绘图基础、图层管理、块与属性、文字与尺寸标注、参数化绘图、图形打印输出等。为培养读者的创新思维和解决问题的能力，本书针对每个具体任务设置了足量的练习题，并在"附录"中以二维码的形式提供了多套机械产品的装配图及零件图，供读者实践训练。

　　本书具有以下主要特点：

　　（1）任务驱动实例讲解，详略得当。本书结合机械行业制图的需要和标准，遵循由浅入深、循序渐进的原则，以典型案例为载体，采用"任务驱动法"，紧扣操作，语言简洁、形象直观，使读者能够快速了解 AutoCAD 的使用方法和操作技巧，激发学生的学习兴趣和动手欲望。

　　（2）借助灿态 CAD 智能评测软件快速进行分数激励。评测软件能够实现当堂反馈分数，并快速分析出所提交作业中的错误点，共性问题统一讲解，个性问题单独击破、查漏补缺，对学生有良好的激励作用。

　　（3）配套微课视频，充分利用碎片时间学习。学习过程中可随时随地观看知识点的讲解视频，方便学生学习。

　　（4）在每个任务后安排了大量的练习题。练习题贴近课程内容，方便学生巩固所学的知识，检验学习效果。

　　（5）配备整套的装配图纸。本书配套提供的由简单到复杂的零件图和装配图纸，可为学生的课堂练习和课后巩固提供训练素材。

　　本书由襄阳职业技术学院执教 CAD 课程多年的专业教师组织编写，其中孟灵、沈锋担任主编,王群、赵丽、陈明、黄贞贞、甘志强担任副主编。参加本书编写的人员及分工如下:孟灵编写任务1、任务2、任务3、任务4、附录,沈锋编写任务5、任务6、任务9,王群编写任务10,赵丽编写任务7、任务8,陈明编写任务11,黄贞贞、甘志强(襄阳汽车轴承股份有限公司)编写任务12。

在本书编写过程中,上海灿态信息技术有限公司提供了灿态CAD智能评测软件,对教学效果进行了及时评价,也对学生学习CAD软件进行了个性化辅导,在此表示衷心的感谢!

由于编者水平有限,书中难免存在疏漏之处,敬请广大读者批评指正。

编　者

2024 年 9 月

目录
Contents

项目一
绘制二维零件图

任务1　简单直线图形的绘制

 学习目标

1. 熟悉 AutoCAD 2022 的界面；
2. 掌握 AutoCAD 2022 的启动和退出方法；
3. 掌握捕捉，栅格、正交、对象捕捉和自动追踪的设置与使用；
4. 掌握点的输入方法及修改点样式的方法。

 素养目标

1. 培养脚踏实地、一丝不苟的工匠精神；
2. 培养善于沟通、乐于奉献的团队精神；
3. 培养迎难而上、大胆尝试的职业精神。

一、学习任务单

任务名称	应用 AutoCAD 2022 绘制简单直线图形
任务描述	按 1∶1 绘制如图 1-1 所示的简单直线图形(不标注尺寸) 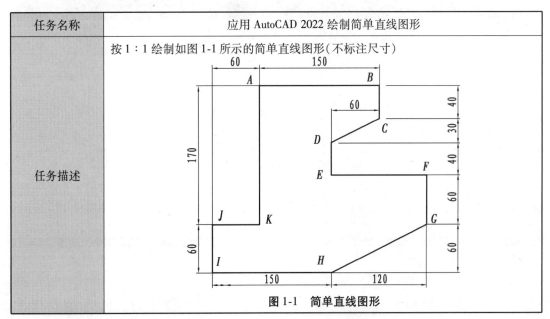 图 1-1　简单直线图形

续表

任务名称	应用 AutoCAD 2022 绘制简单直线图形
任务分析	本任务介绍如图 1-1 所示简单直线图形的绘制方法和步骤,主要涉及"创建及设置图层""栅格、捕捉、正交""缩放""平移""启动、撤销、重做、中止、重复"命令和绘制"点、直线、构造线、射线"等命令
成果展示与评价	小组成员各自完成如图 1-1 所示的简单直线图形的绘制,按照要求保存为. dwg 格式图形文件并上传,由智能评测软件完成成绩的综合评定
任务小结	结合学生课堂表现和智能评测软件所给结果中出现的典型共性问题进行点评、总结

二、操作过程

第 1 步:分析图形,确定绘制方法。

从图 1-1 可以看出,该图形非常简单,由若干条水平线、垂直线和斜线组成,各段线尺寸均已知,且从点 A 沿顺时针方向至点 K,由于各线段长度或确定位置的尺寸都是"10"的倍数,可使用"直线"命令结合"捕捉"和"栅格"功能进行绘图。

注意:

  绘制图形前,一定要先对图形进行分析,了解各部分之间的关系,确定各部分的绘制方法与步骤。

第 2 步:打开栅格显示,观察图形界限。

单击状态栏上的"栅格"按钮(或按功能键"F7"),使其呈下凹选中状态,则打开了栅格,屏幕显示如图 1-2 所示方格。

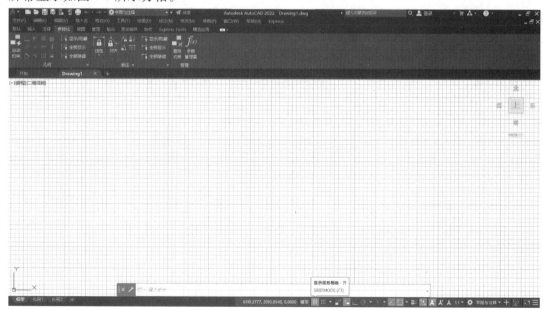

图 1-2 打开栅格

第 3 步:设置捕捉间距、栅格间距,并启用"捕捉"功能。

(1)在状态栏的"栅格"按钮⊞上右击,弹出快捷菜单"网格设置"项,打开如图 1-3 所示

"草图设置"对话框,单击"捕捉和栅格"选项卡,在"捕捉间距""栅格间距"选项组下设置 X 轴、Y 轴间距均为"10",单击"确定"按钮,返回绘图区。

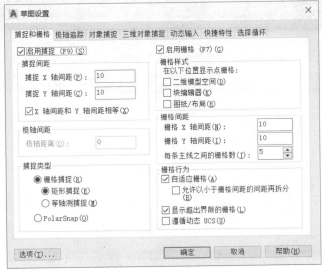

图 1-3　"草图设置"对话框

（2）单击状态行"捕捉"按钮 （或按功能键"F9"）,使其呈下凹选中状态,则打开了"捕捉"功能。

注意:

系统默认的栅格间距为"10"。由于打开了"捕捉"功能,控制光标只能沿捕捉间距设定的值进行移动,故此时光标的移动变成了跳跃式的。

如果在操作中栅格间距设置为"5",则栅格间距减小一半,栅格线增加一倍。

第 4 步:利用"直线"命令,结合"捕捉""栅格"功能,绘制线段。

在功能区单击"默认"选项卡→"绘图"面板→"直线"按钮 ,如图 1-4、图 1-5 所示。

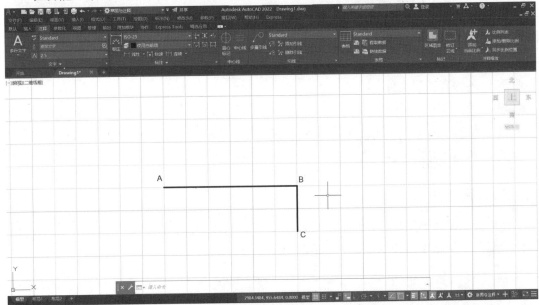

图 1-4　利用栅格捕捉功能绘制水平、竖直直线

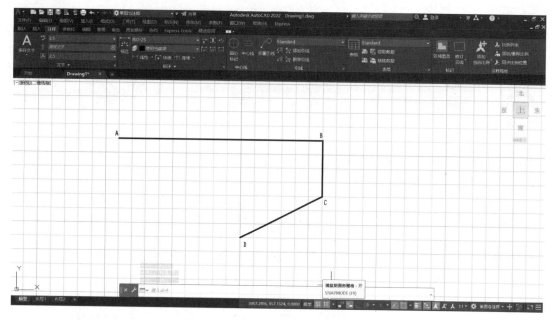

图 1-5　利用栅格捕捉功能绘制斜线

操作步骤如下：

命令:_line	启动"直线"命令
指定第一个点:	利用栅格捕捉,拾取某一栅格点,确定起点 A,如图 1-4 所示;利用栅格捕捉功能绘制水平、竖直直线
指定下一点或[放弃(U)]:	打开正交 F8,移动光标向右 15 个栅格点,单击,确定点 B
指定下一点或[放弃(U)]:	移动光标向下 4 个栅格点,单击,确定点 C
指定下一点或[闭合(C)/放弃(U)]:	关闭正交,移动光标向左 6 个、向下 3 个栅格点,单击,确定点 D
指定下一点或[闭合(C)/放弃(U)]:	采用同样的方法,依次确定各点 E、F、G、H、I、J、K

第 5 步:保存图形文件。

注意:

AutoCAD 不能识别全角的字母、数字和符号,在通过键盘输入命令和参数时,需使用英文输入状态或将输入法设置为半角方式。

三、评测修改

使用智能评测软件对学生的绘图结果进行检测,将出现的错误记录在下表中,学生根据评分细则一步步修改、完善图纸,快速提高 CAD 绘图能力。

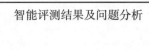

智能评测结果及问题分析

四、任务依据

启动和退出
AutoCAD 2022
的方法

知识点 1　启动和退出 AutoCAD 2022 的方法

1. 启动 AutoCAD 2022 的方法

启动 AutoCAD 2022 主要有以下 3 种方法：

方法 1：双击桌面上如图 1-6 所示的 AutoCAD 2022 快捷方式图标，即可打开软件。

图 1-6　AutoCAD 2022 快捷方式图标

方法 2：单击桌面 AutoCAD 2022 快捷方式图标，如图 1-7 所示，单击鼠标右键，左键单击"打开"，即可打开软件。

图 1-7　单击鼠标右键打开 AutoCAD 2022

方法 3：用鼠标左键依次单击 Windows 任务栏上的"开始"，单击"AutoCAD 2022-简体中文（Simplified Chinese）"文件夹，即可打开软件，如图 1-8 所示。

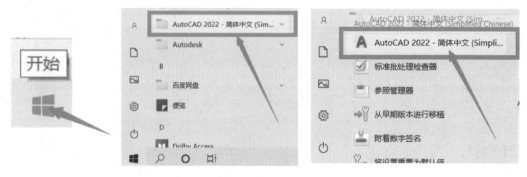

图 1-8　从任务栏打开 AutoCAD 2022

2.退出 AutoCAD 的方法

退出 AutoCAD 2022 主要有以下 2 种方法：

方法 1：用鼠标左键单击标题栏右上角按钮 ❎，即可退出软件。

方法 2：在命令行窗口输入键盘命令：QUIT，敲击"Enter"键，即可退出软件。

AutoCAD 2022
用户界面介绍

知识点 2　AutoCAD 2022 用户界面介绍

启动 AutoCAD 2022 后，其工作界面如图 1-9 所示，工作界面由"应用程序"按钮、标题栏、快速访问工具栏、功能区、绘图区、命令行窗口和状态栏组成。

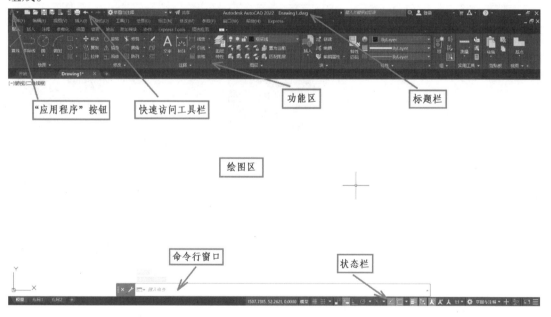

图 1-9　AutoCAD 2022 工作界面

1."应用程序"按钮

"应用程序"按钮 ⓐ 位于界面左上角，单击此按钮将弹出如图 1-10 所示的"应用程序"菜单。"应用程序"菜单上方设置了搜索文本框，用户可以在此输入搜索词，用于快速搜索命令；其左方和下方提供了文件操作的常用命令和访问"选项"对话框、退出应用程序的按钮，用户通过选择命令或单击按钮即可实现相应操作。

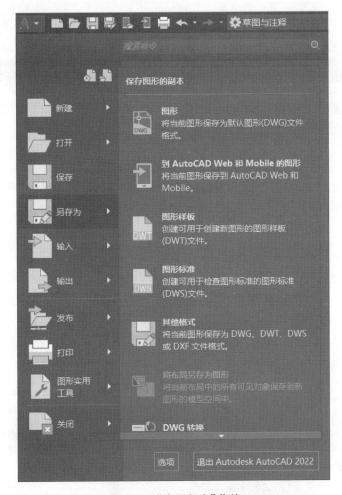

图 1-10　"应用程序"菜单

2. 标题栏

标题栏位于软件工作界面的最上方,如图 1-11 所示,用于显示当前运行的应用程序名和打开的文件名等信息。

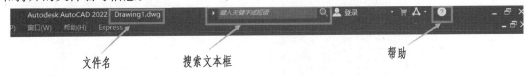

文件名　　　　　　搜索文本框　　　　　　　帮助

图 1-11　标题栏

在标题栏搜索文本框中输入需要帮助的问题,单击"搜索"按钮🔍,即可获取相关信息。单击"登录"按钮,能够登录到 Autodesk Account 以访问与桌面软件集成的联机服务器。单击"连接"按钮,与 Autodesk 联机社区连接。单击"帮助"按钮,可以获取相关帮助信息。

从左到右依次单击标题栏右侧的按钮 ‒ □ ×,可以实现最小化、最大化和关闭应用程序。

3. "快速访问"工具栏

"快速访问"工具栏如图 1-12 所示,位于功能区上方,并占用标题栏左侧一部分位置。

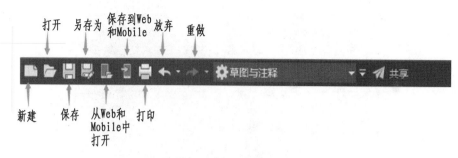

图 1-12 "快速访问"工具栏

"快速访问"工具栏用于存储经常访问的命令,默认(勾选调出的)命令有"新建""打开""保存""另存为""从 Web 和 Mobile 中打开""保存到 Web 和 Mobile""打印""放弃""重做"和"工作空间",单击各按钮可以快速调用相应命令。

注意:

单击"快速访问"工具栏右侧的下三角按钮 ,弹出快捷菜单,如图 1-13 所示,选择相应选项即可将其添加到"快速访问"工具栏上。

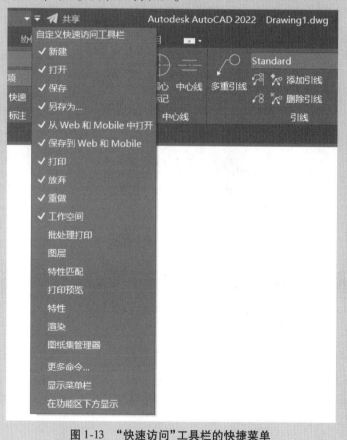

图 1-13 "快速访问"工具栏的快捷菜单

若选择"显示菜单栏",则可在标题栏下显示菜单栏。

4. 功能区

在创建或打开文件时,AutoCAD 2022 工作界面会自动显示功能区。功能区位于绘图区的上方,由选项卡和面板组成。在不同的工作空间,功能区内的选项卡和面板不尽相同。

默认状态下,AutoCAD 的界面在"草图与注释"工作空间,其功能区有"默认""插入""注释""参数化""可视化""视图""管理""输出""附加模块""协作""Express Tools"和"精选应用"11 个选项卡,如图 1-14 所示。每个选项卡包含一组面板,每个面板又包含许多命令按钮。

图 1-14 "草图与注释"工作空间的功能区

如果面板中没有足够的空间显示所有的命令按钮,则可以单击面板名称右方的三角按钮 ,将其展开,以显示其他相关的命令按钮。如图 1-15 所示,为展开的"修改"面板。

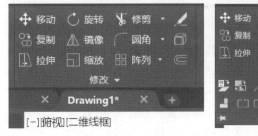 

(a)"修改"面板展开前　　　　　(b)"修改"面板展开后

图 1-15 "修改"面板展开对比图

如果面板上某个按钮的下方或后面有三角按钮 ,则表示该按钮下面还有其他的命令按钮,单击三角按钮,弹出下拉列表,显示其他命令按钮。

5. 绘图区

绘图区是用户使用 AutoCAD 进行绘图并显示所绘图形的区域,如图 1-16 所示。绘图区实际上是无限大的,用户可以通过缩放、平移等命令来观察绘图区的图形。

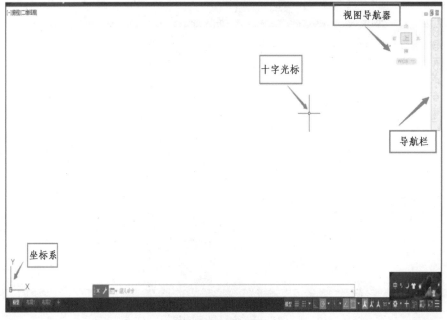

图 1-16 绘图区

绘图区中包括十字光标、坐标系、视图导航器和导航栏。十字光标的交点为当前光标的位置。默认情况下,左下角的坐标系为世界坐标系(WCS)。单击导航栏上的相应按钮,用户可以平移、缩放或动态观察图形。通过视图导航器,用户可以在标准视图和等轴测视图间切换,但对于二维绘图此功能作用不大。

6. 命令行窗口

命令行窗口位于绘图区的下方,如图1-17所示,是 AutoCAD 进行人机交互、输入命令和显示相关信息与提示的区域。用户可以改变命令行窗口的大小,也可以拖动到屏幕的其他地方。

图1-17　命令行窗口

单击命令行窗口左侧的"关闭"按钮区,可以关闭命令行窗口,按"Ctrl+9"可将其重新打开。

7. 状态栏

状态栏在工作界面的最底端,用于显示或设置当前的绘图状态。其左侧显示当前光标在绘图区位置的坐标值,从左向右依次排列着"栅格""捕捉""推断约束""动态输入""正交""极轴追踪""等轴测草图""对象追踪""对象捕捉""线宽""动态 UCS""显示注释对象"等开关按钮,如图1-18所示。用户可以单击对应的按钮使其打开或关闭。有关这些按钮的功能将在后续模块中介绍。

图1-18　状态栏

单击状态栏上的"全屏显示"按钮![全屏显示],可以隐藏功能区,只显示标题栏和命令行窗口,如图1-19所示,使绘图区域增大,方便编辑图形。

图1-19　全屏显示的界面

知识点 3 AutoCAD 2022 工作空间介绍

工作空间是经过分组和组织的菜单、工具栏、选项卡和面板的集合,用于创建基于任务的绘图环境。

AutoCAD 2022 提供了"草图与注释""三维基础"和"三维建模"3 种工作空间,以满足用户的不同需要。

切换工作空间可以采用以下 2 种方法:

方法 1:单击"快速访问"工具栏→"工作空间"下拉列表,单击选择所需要的工作空间,如图 1-20 所示。

方法 2:单击右下侧状态栏上的"工作空间"按钮,从弹出的列表中选择所需工作空间,如图 1-21 所示。

图 1-20 "快速访问"工具栏的"工作空间"

图 1-21 "状态栏"的"工作空间"

1."草图与注释"工作空间

"草图与注释"工作空间显示二维绘图特有的工具,如图 1-22 所示,用户可以使用"绘图""修改""图层""标注""文字""表格"等面板快捷方便地绘制二维图形。

图 1-22 "草图与注释"工作空间

2."三维基础"工作空间

该工作空间是显示三维建模特有的基础工具。如图1-23所示,用户可以使用"创建""编辑""修改"等面板创建三维实体或三维网格。

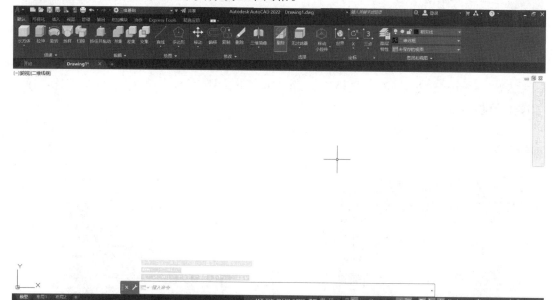

图1-23 "三维基础"工作空间

3."三维建模"工作空间

如图1-24所示,"三维建模"工作空间显示三维建模特有的工具,为绘制三维图形、观察图形、设置光源、附加材质、渲染等操作提供了更加便利的环境。

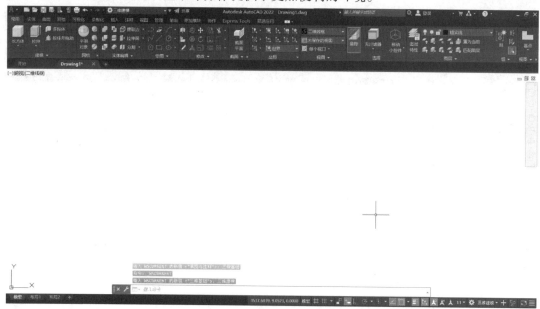

图1-24 "三维建模"工作空间

4.更改AutoCAD默认工作空间为经典模式

自从AutoCAD 2015开始,便默认没有经典模式了,但很多用户习惯了经典模式,故可将

AutoCAD 2022 修改为经典模式,并另存。步骤如下:

(1)在 AutoCAD 2022 快速访问工具栏中单击工作空间右侧的向下三角形按钮 ,再单击显示菜单栏。

(2)单击"工具"→"工具栏"→"AutoCAD",单击选择"CAD 标准""样式""图层""特性""标准""修改"等,如图 1-25 所示。

图 1-25 更改 AutoCAD 默认工作空间为经典模式

将当前工作空间另存为"AutoCAD 经典",如图 1-26 所示。

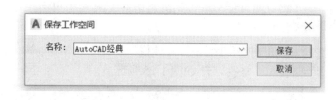

图 1-26　另存为"AutoCAD 经典"工作空间

需要经典工作空间时直接单击左下角齿轮小图标，选择"AutoCAD 经典"即可。

知识点4　新建、打开图形文件

1.新建图形文件

利用"新建"命令可以创建新的图形文件。

调用命令常用的方法有：

方法 1：在"快速访问"工具栏单击"新建"，如图 1-27 所示。

图 1-27　"快速访问"工具栏的"新建"文件

方法 2：在菜单栏单击"文件"，单击"新建"，如图 1-28 所示。

图 1-28　从菜单栏"新建"文件

方法 3：单击"应用程序"按钮，单击"新建"，如图 1-29 所示 。

图 1-29　从工具栏"新建"文件

方法 4：在键盘上按快捷键"Ctrl+N"。

方法 5：键盘输入"NEW"或"QNEW"，再按"Enter"键。

执行新建文件操作后,弹出如图 1-30 所示的"选择样板"对话框,在样板文件列表中单击选择某个样板文件,再单击"打开"或者双击样板文件,即可创建新的图形文件。

图 1-30 "选择样板"对话框

注意:

本书中的实例,如无特殊说明,样板文件均选择"acadiso. dwt"。如果不需要样板文件,也可以单击"打开"按钮 打开(0) 右侧的向下三角形按钮▼,选择"无样板打开-公制",即可新建无样板的图形文件。

2. 打开图形文件

利用"打开"命令可以打开已保存的图形文件,调用命令常用的方法有:

方法 1:单击"快速访问"工具栏的"打开"按钮,如图 1-31 所示。

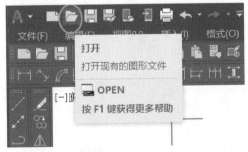

图 1-31 从"快速访问"工具栏"打开"文件

方法 2:单击菜单栏的"文件"按钮,单击"打开",如图 1-32 所示。

方法 3:单击"应用程序"按钮 ,单击"打开",如图 1-33 所示 。

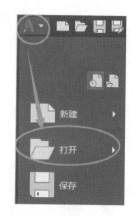

图1-32 从菜单栏"打开"文件

图1-33 从"应用程序" "打开"文件

方法4：在键盘上按快捷键"Ctrl+O"。

方法5：用键盘输入命令"OPEN"，再按"Enter"键。

执行"打开"命令后，弹出如图1-34所示的"选择文件"对话框。用户可以根据图形文件保存的位置选择相应路径，单击选择需要的图形文件，再单击"打开"按钮或者双击文件名，即可打开图形文件。

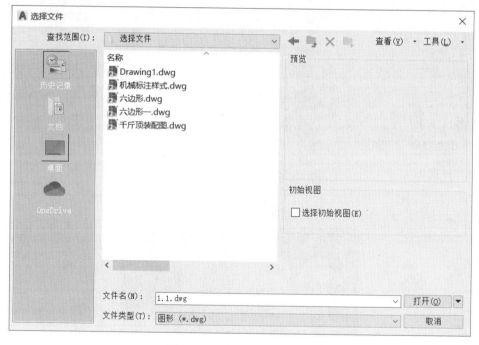

图1-34 "选择文件"对话框

知识点5 保存、另存为图形文件及设置图形界限

1. 保存图形文件

利用"保存"命令可以保存当前图形文件。调用命令常用的方法有：

方法1：单击"快速访问"工具栏的"保存"按钮，如图1-35所示。

保存图形文件、图形文件另存为及设置图形界限

图1-35　从"快速访问"工具栏"保存"文件

方法2：单击菜单栏的"文件"→"保存"，如图1-36所示。

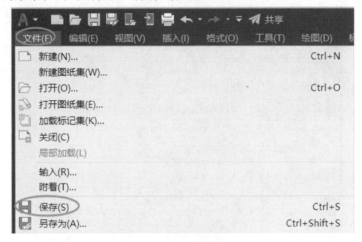

图1-36　从菜单栏"保存"文件

方法3：单击"应用程序"按钮 A，单击"保存"，如图1-37所示 。

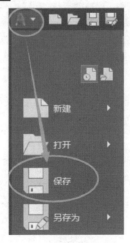

图1-37　从工具栏"保存"文件

方法4：按快捷键"Ctrl+S"。

方法5：用键盘输入命令"QSAVE"，再按"Enter"键。

2. 另存为图形文件

利用"另存为"命令可以用新文件名保存当前图形。调用命令常用的方法有：

方法1：单击"快速访问"工具栏的"另存为"按钮，如图1-38所示。

图1-38　从"快速访问"工具栏"另存为"文件

方法2：单击菜单栏的"文件"→"另存为"，如图1-39所示。

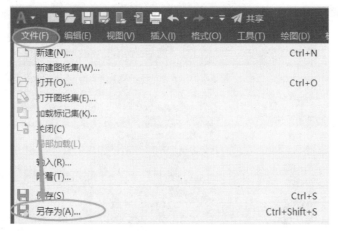

图1-39　从菜单栏"另存为"文件

方法3：单击"应用程序"按钮 **A**，单击"另存为"，如图1-40所示。

图1-40　从工具栏"另存为"文件

方法4：按快捷键"Ctrl+Shift+S"。

方法5：用键盘输入命令"SAVEAS"，再按"Enter"键。

3.设置图形界限

图形界限，也称图限，相当于图纸的大小。设置图形界限就是在绘图区域设置图形边界，相当于选择合适大小的图纸。

调用命令常用的方法有：

方法1：单击菜单栏的"格式"→"图形界限"，如图1-41所示。

方法2：用键盘输入命令"LIMITS"，再按"Enter"键。

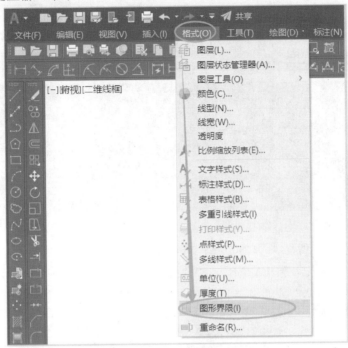

图1-41 从菜单栏设置图形界限

调用"图形界限"命令后，系统会提示用户指定左上角点和右上角点确定矩形区域的图形边界，系统默认的图形界限为A3图纸大小，尺寸为420 mm×297 mm。

执行"图形界限"命令，软件界面下方命令行出现"LIMITS 指定左下角点或[开(ON)/关(OFF)]"时，输入"ON"或"OFF"或者单击命令行 [开(ON) 关(OFF)]，可以打开和关闭图形界限检查。

注意：

只要已打开图形界限检查，则无法输入或绘制图形界限以外的点或线，否则系统会在命令行出现"＊＊超出图形界限"的提示。

知识点6 创建及设置图层

创建及设置
图层

1.图层的概念

AutoCAD的图层相当于完全重叠在一起的透明纸，一层叠着一层，每层都可有颜色、线型、线宽等属性。绘制工程图时，通常把有相同属性的内容放在同一个图层中，我们可以任意选择其中一个图层进行绘制，而不受其他图层的影响。

2.调用图层的操作

调用"图层"命令的方法有：

方法1：单击菜单栏的"格式"→"图层"，如图1-42所示。

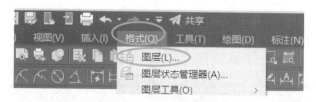

图1-42　从菜单栏调用"图层"命令

方法2：在功能区的"默认"选项卡，单击"图层"面板的"图层特性"，如图1-43所示。

图1-43　从功能区的"默认"选项卡打开"图层特性"

方法3：用键盘输入命令"LAYER"或"LA"，再按"Enter"键。

执行图层操作后，软件会弹出"图层特性管理器"对话框，如图1-44所示。

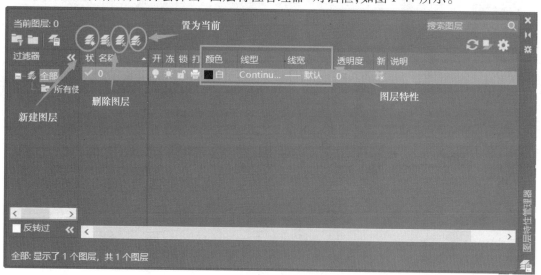

图1-44　"图层特性管理器"对话框

利用"图层特性管理器"对话框可以进行创建新图层、设置当前层、重命名或删除选定图层，设置或更改选定图层的名称、颜色、线型、线宽、状态开/关、锁定/解锁等操作。系统默认创建有"0"层。

在"图层特性管理器"对话框中，单击"新建图层"按钮，图层列表中将显示名为"图层1"的新图层，且处于被选中状态，即已创建一个新图层；单击新图层的名称，在其"名称"文本框中输入图层的名称，即可为新图层重命名。

在"图层特性管理器"对话框中，选中一个图层后，单击"置为当前"按钮，可将选定图层设置为当前层；单击"删除图层"按钮，即可将选定图层删除。

注意：

　　在一个图形文件中，用户可以根据需要创建许多图层，但当前层(即当前作图所使用的图层)只有一个，用户只能在当前层绘制图形对象。系统默认创建的 0 层、包含对象的图层以及当前层均不能删除。

3.设置图层的特性

图层的特性包括颜色、线型、线宽等，AutoCAD 系统提供了丰富的颜色、线型和线宽。用户可以在如图 1-44 所示的"图层特性管理器"对话框中，单击相应图标为选定的图层设置以上特性。

4.图层状态

每个图层都包含开/关、冻结/解冻、锁定/解锁、打印/不打印等状态。用户可以在如图 1-44 所示的"图层特性管理器"对话框中单击某一图层上状态列表中的相应图标，改变所选图层相应的状态。

1)开/关状态

单击"开"列对应的小灯泡图标，可以打开或关闭图层，以控制图层上图形对象的可见性。在"开"状态下，灯泡的颜色为黄色，图层上的对象可以显示，也可以在输出设备打印。在"关"状态下，灯泡的颜色为蓝色，此时图层上的对象不能显示，也不能打印输出；图形重新生成时，关闭图层上的图形对象仍参加计算。在关闭当前层时，系统将弹出一个消息对话框，警告正在关闭当前层。

2)冻结/解冻状态

单击"冻结"列对应的图标，可以冻结或解冻图层。图层被冻结时显示雪花图标，此时图层上的对象不能被显示、打印输出和编辑修改；图形重新生成时，冻结图层上的对象不参加计算。图层被解冻时显示太阳图标，此时图层上的对象能被显示、打印输出和编辑修改。

3)锁定/解锁状态

单击"锁定"列对应的图标，可以锁定或解锁图层，以控制图层上的图形对象能否被编辑修改。当图层被锁定时，显示图标，此时图层上的图形对象仍能显示，但不能被编辑修改；当图层解锁时，显示图标，此时图层上的对象能被编辑修改。

4)打印/不打印状态

单击"打印"列对应的图标，可以设置图层是否能够被打印，在保持图形可见性不变的前提下控制图形的打印特性。此打印设置只对打开和解冻的可见图层有效。

5.图层管理工具

在 AutoCAD 2022 中，使用系统在功能区"默认"选项卡下提供的"图层"面板，如图 1-45 所示，可以方便快捷地设置图层状态和管理图层。

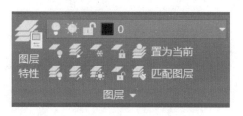

图 1-45　"默认"选项卡的"图层"面板

"图层"面板上各主要按钮功能如下：

（1）图层状态控制列表：显示了当前图层的状态及特性，如 ![图层状态栏] ，单击该下拉列表右侧的 ![下拉按钮] 按钮，可显示当前图形文件中的所有图层及其状态。用户可在下拉列表中单击某一图层的状态图标按钮，控制图层状态；单击色块按钮，更改图层的颜色。用户也可以在下拉列表中选择某一图层的层名，将该层设置为当前层。

（2）关：单击"关"按钮，即可关闭选定对象的图层，如图 1-46 所示。

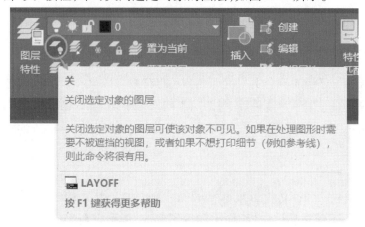

图 1-46　关闭选定对象的图层

（3）隔离：单击"隔离"按钮，将隐藏或锁定除选定对象的图层外的所有图层，如图 1-47 所示。

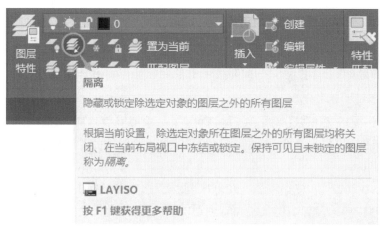

图 1-47　隐藏或锁定除选定对象的图层外的所有图层

（4）冻结：单击"冻结"按钮，将冻结选定对象的图层，如图 1-48 所示。

图 1-48 冻结选定对象的图层

（5）锁定：单击"锁定"按钮，将锁定选定对象的图层，如图 1-49 所示。

图 1-49 锁定选定对象的图层

（6）置为当前：单击"置为当前"按钮，将当前图层设置为选定对象所在的图层，如图 1-50 所示。

图 1-50 将当前图层设置为选定对象所在的图层

（7）打开所有图层：单击"打开所有图层"按钮，将打开图形中的所有图层，如图 1-51 所示。

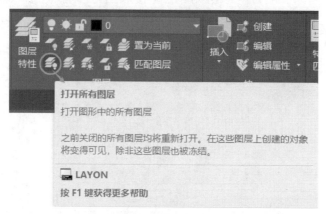

图 1-51　打开所有图层

（8）取消隔离：单击"取消隔离"按钮，恢复使用"隔离"命令隐藏或锁定的所有图层，如图 1-52 所示。

图 1-52　恢复使用"隔离"命令隐藏或锁定的所有图层

（9）解冻所有图层：单击"解冻所有图层"按钮，将解冻图形中的所有图层，如图 1-53 所示。

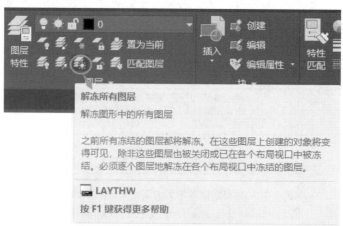

图 1-53　解冻图形中的所有图层

（10）解锁：单击"解锁"按钮，将解锁选定对象的图层，如图 1-54 所示。

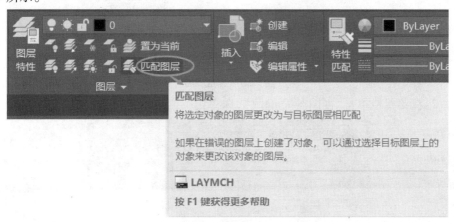

图 1-54 解锁选定对象的图层

（11）匹配图层：单击"匹配图层"按钮，将选定对象的图层更改为与目标图层相匹配，如图 1-55 所示。

图 1-55 将选定对象的图层更改为与目标图层相匹配

知识点 7 捕捉、栅格和正交

捕捉、栅格和正交

1. 捕捉

"捕捉"用来控制光标移动的最小步距，以便精确定点。

在绘图过程中，可以随时打开或关闭"捕捉"功能。

打开或关闭"捕捉"命令常用方法有：

方法 1：在软件界面下方状态栏上单击"捕捉"按钮 。

方法 2：键盘输入功能键"F9"（捕捉）。

2. 栅格

"栅格"相当于坐标纸上的方格，可以直观地显示对象之间的距离，便于定位对象。

在绘图过程中，可以随时打开或关闭"栅格"显示。

打开或关闭"栅格"常用方法有：在软件界面下方状态栏上单击"栅格"按钮 或者输入功能键"F7"（栅格）。

3.正交

单击"正交"按钮，即可打开正交模式，系统将控制光标只沿当前坐标系的 X、Y 轴平行方向上移动，以便在水平或垂直方向上绘制和编辑图形。

打开或关闭"正交"常用方法有：

方法1：在软件界面下方状态栏上单击"正交"按钮。

方法2：键盘输入功能键"F8"（正交）。

知识点8 缩放、平移图形

图形的缩放及
平移图形

1.图形的缩放

利用"缩放"命令可以增大或缩小图形对象在视窗中的显示比例，从而满足用户既能观察局部细节，又能观看图形全貌的需求。

调用"缩放"命令常用方法有：

方法1：在软件界面用键盘输入命令"ZOOM"或者按快捷键"Z"，如图1-56所示。

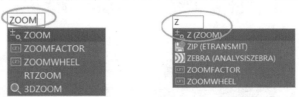

图 1-56 缩放命令

方法2：在菜单栏单击"视图"→"缩放"，选择相应按钮，如图1-57所示。

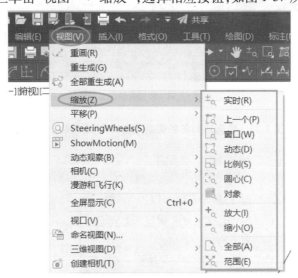

图 1-57 视图-缩放

方法3：在软件功能区单击"视图"选项卡，选择相应按钮，如图1-58所示。

图 1-58 功能区-缩放

方法4:在软件界面用鼠标中间的滚轮也可以实现"实时缩放"。滚轮向前滚动,放大图形;滚轮向后滚动,缩小图形。

方法5:用鼠标右键调出缩放工具栏。

缩放工具栏中缩放图形有多种方法:有窗口缩放、动态缩放、比例缩放、中心缩放、缩放对象,还有放大、缩小、全部缩放、范围缩放,如图1-59所示。

图1-59 缩放工具栏

2.平移图形

利用"平移"命令可以在绘图窗口中移动图形(类似于在桌面上移动图纸),而不改变图形的显示大小。

调用"平移"命令常用的方法有:

方法1:在功能区单击"平移"按钮,如图1-60所示。

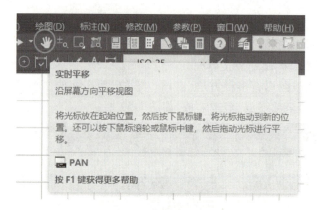

图 1-60　功能区单击平移

方法 2：在菜单栏单击"视图"→"平移"，选择相应按钮，如图 1-61 所示。

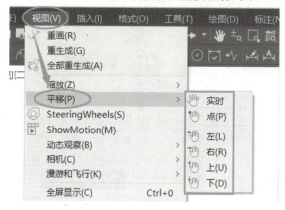

图 1-61　视图-平移

方法 3：在软件界面用键盘输入"PAN"或者按快捷键"P"，如图 1-62 所示。

图 1-62　平移命令

知识点 9　启动、响应、撤销、重做、中止、重复命令

1. 启动命令

为满足不同用户的需要，使操作更加灵活方便，AutoCAD 2022 提供了多种方法启动命令。常用的方法有：

方法 1：功能区启动命令。

功能区是选项卡和面板的集合，提供了几乎所有的命令，单击面板上的图标按钮，即可启动相应命令。例如：单击"绘图"面板上的 图标按钮，则启动"圆"命令。

方法 2：菜单栏启动命令。

单击某个菜单，在下拉菜单中单击所需的菜单命令，则启动相应命令。例如：单击"绘

启动、响应、撤销、重做、中止、重复命令

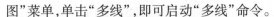

图"菜单,单击"多线",即可启动"多线"命令。

方法3:工具栏启动命令。

在工具栏中单击图标按钮,则启动相应命令。例如:单击"绘图"工具栏中的 图标按钮,则启动"矩形"命令。

方法4:命令行启动命令。

在 AutoCAD 命令行命令提示符"命令:"后,输入命令名(或命令别名)并按"Enter"键或空格键,即启动相应命令。例如,在命令行中输入命令名"CIRCLE"或输入命令别名"C",按"Enter"键,即可启动"圆"命令。

AutoCAD 2022 命令行具有自动搜索、自动更正功能。当输入某个命令名的英文首字母后,系统会自动搜索以此字母开头的命令或同义词,并显示在命令行上方或下方,通过键盘上的"↓"或"↑"键可选择命令,也可以将光标移到相应命令上直接单击选择,如图 1-63 所示。

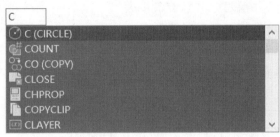

图 1-63　AutoCAD 2022 命令行的自动搜索功能

注意:
　　采用菜单栏、工具栏启动命令,需先在用户界面中显示菜单栏,调用相应工具栏。

2. 响应命令

AutoCAD 2022 提供了"在命令行操作"和"在绘图区操作"两种响应命令的方法。在启动命令后,输入点的坐标值、选择对象以及选择相关的选项来响应命令。在 AutoCAD 中一类命令是通过对话框来执行的,另一类命令则是根据命令行提示来执行的。

1)在命令行操作

在命令行操作是 AutoCAD 最传统的方法。如图 1-64 所示,在启动命令后,根据命令行的提示,用键盘输入坐标值或有关参数后,再按"Enter"键或空格键即可执行相关操作。

```
CIRCLE
指定圆的圆心或 [三点(3P)/两点(2P)/切点、切点、半径(T)]: *取消*
命令:
命令: _circle
▼ CIRCLE 指定圆的圆心或 [三点(3P) 两点(2P) 切点、切点、半径(T)]:
```

图 1-64　在命令行操作(绘制圆)

2)在绘图区操作

从 AutoCAD 2006 开始新增加了动态输入功能,可以实现在绘图区操作。

在动态输入被激活时,在光标附近将显示动态输入工具栏,如图 1-65 所示,可以在提示框中输入坐标,用"Tab"键在几个工具栏中切换,用键盘上的"↓"键显示和选择各相关选项响应命令。

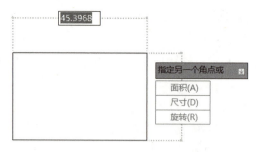

图 1-65　动态输入（绘制矩形）

3.放弃命令

"放弃"命令可以实现从最后一个命令开始,逐一撤销前面已经执行了的命令。调用"放弃"命令常用的方法有:

方法1:单击快速访问工具栏的"放弃"按钮 ← 。

方法2:在菜单栏单击"编辑"→"放弃"。

方法3:在工具栏单击"标准"→"放弃"。

方法4:用键盘输入命令"UNDO"或"U",按"Enter"键。

方法5:在键盘上按快捷键"Ctrl+Z"。

以上操作均可以撤销上一步操作。

4.重做命令

"重做"命令可以恢复刚执行"放弃"命令所放弃的操作。

调用"重做"命令常用的方法有:

方法1:单击快速访问工具栏的"重做"按钮 → 。

方法2:在菜单栏单击"编辑"→"重做"按钮。

方法3:在工具栏单击"标准"→"重做" 按钮。

方法4:用键盘输入命令"REDO"或"MREDO",按"Enter"键。

方法5:在键盘上按快捷键"Ctrl+Y"。

以上操作均可以恢复上一个用"UNDO"或"U"命令所放弃的上一步操作。

5.中止命令

"中止"命令即中断正在执行的命令,回到等待命令状态。

调用"中止"命令常用的方法有:

方法1:单击鼠标右键,再左键单击"取消"。

方法2:在键盘上按"Esc"键,即可取消。

以上操作均可以中止命令。

6.重复执行命令

"重复执行"命令是将刚执行完的命令再次调用。

调用命令常用的方法有:

方法1:单击鼠标右键,再用鼠标左键单击"重复"。

方法2:在键盘上按"Enter"键或空格键。

以上操作均可以重复上一命令。

绘制点

知识点10 绘制点

1. 点的输入方法

1) 鼠标直接拾取点

通过移动鼠标在屏幕上直接单击拾取点。这种定点方法方便快捷,但不能用来精确定点。

2) 键盘输入点坐标

采用键盘输入坐标值的方式可以精确地定位坐标点,在 AutoCAD 绘图中经常使用的坐标输入方式有通过绝对直角坐标输入、通过相对直角坐标输入、通过绝对极坐标输入、通过相对极坐标输入4种。

(1) 通过绝对直角坐标输入:通过直接输入 X、Y、Z 的坐标值来指定点的位置,其表达式为 (X,Y,Z)(本书主要讲述平面图的绘制,Z 坐标可以不输入,默认为零,后面将不再提示),而输入的坐标值是某点相对于当前坐标原点的坐标值。如图 1-66 所示,点 A 的绝对直角坐标为 $(12,26)$,点 B 的绝对直角坐标为 $(42,46)$。

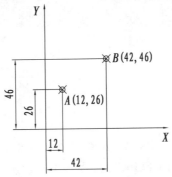

图 1-66 直角坐标系

(2) 通过相对直角坐标输入:用相对于上一已知点之间的绝对直角坐标值的增量来确定输入点的位置,表达方法为 "$@\Delta X,\Delta Y$"。ΔX,ΔY 为相对于上一点的位移增量。

如图 1-66 所示,点 B 相对于点 A 的相对直角坐标为 @30,20。

(3) 通过绝对极坐标输入:使用"长度<角度"的方式表示输入点的位置。长度是指该点与坐标原点之间的距离;角度是指该点与坐标原点的连线与 X 轴正方向之间的夹角。如图 1-67 所示,点 C 的绝对极坐标为"40<60"。

注意:

软件默认的角度方向规定为:逆时针方向为正,顺时针方向为负。采用英文或半角输入法。

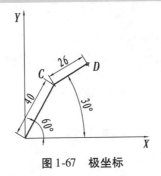

图 1-67 极坐标

（4）通过相对极坐标输入：用相对于上一已知点的距离和与上一已知点的连线与 X 轴正方向之间的夹角来确定输入点的位置，表达方式为"@长度<角度"。如图1-67所示，点 C 相对于点 D 的相对极坐标为"@26<210"或"@26<−150"。

2. 点的绘制

1）设置点样式

在 AutoCAD 中可根据需要设置点样式，即设置点的形状和大小。

调用"点样式"命令常用的方法有：

方法1：在功能区单击"默认"→"实用工具"→"点样式"，如图1-68所示。

图1-68　实用工具的点样式

方法2：用键盘输入命令"DDPTYPE"，然后按"Enter"键。

启动点样式命令后，弹出如图1-69所示的点样式对话框。可以在对话框中根据需要选择点的类型，设定点的大小。

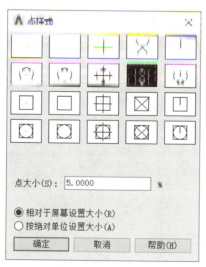

图1-69　"点样式"对话框

2）绘制点

在指定位置绘制一个或多个点，需要使用"多点"命令。

调用"多点"命令常用的方法有：

方法1：在功能区单击"默认"→"绘图"→"多点"，如图1-70所示。

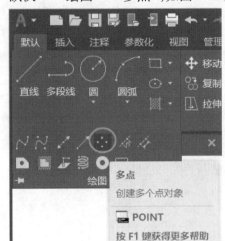

图1-70　绘图面板调用"多点"命令

方法2：用键盘输入命令"POINT"或"PO"，然后按"Enter"键。

3. 定数等分对象（绘制等分点）

"定数等分"命令用于将选定的对象等分成指定的段数。

调用"定数等分"命令常用的方法有：

方法1：在功能区单击"默认"→"绘图"→"定数等分"，如图1-71所示。

方法2：用键盘输入命令"DIVIED"或"DIV"，然后按"Enter"键。

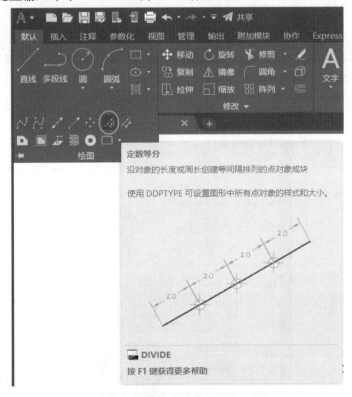

图1-71　绘图面板调用"定数等分"命令

4.定距等分对象(绘制等距点)

"定距等分"命令用于将选定的对象按指定距离进行等分,直到余下部分不足一个间距为止。

调用"定距等分"命令常用的方法有:

方法1:在功能区单击"默认"→"绘图"→"定距等分",如图1-72所示。

方法2:用键盘输入命令"MEASURE"或"ME",然后按"Enter"键。

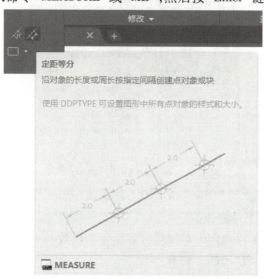

图1-72　绘图面板调用"定距等分"命令

知识点11　绘制直线、构造线、射线

1.绘制直线

利用"直线"命令可以绘制出任意多条首尾相连的直线段。

调用"直线"命令常用的方法有:

方法1:在工具栏单击"直线"按钮,如图1-73所示。

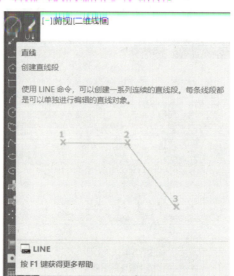

图1-73　工具栏调用"直线"命令

方法2：在功能区单击"默认"→"绘图"→"直线"，如图1-74所示。

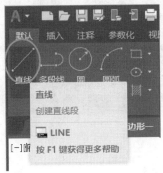

图1-74　功能区调用"直线"命令

方法3：用键盘输入命令"LINE"或"L"，然后按"Enter"键。

2.绘制构造线

构造线又称为参照线，是一条没有起点和终点的直线，即两端无限延伸的直线。该类直线可以作为绘制等分角、等分圆等图形的辅助线，如图素的定位线等。

调用"构造线"命令的主要方法有：

方法1：在功能区单击"默认"→"绘图"→"构造线"，如图1-75所示。

方法2：用键盘输入命令"XLINE"或"XL"，然后按"Enter"键。

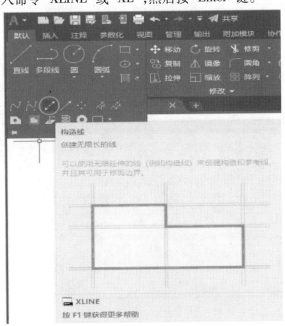

图1-75　功能区调用"构造线"命令

3.绘制射线

射线是一端固定另一端无限延伸的直线，即只有起点没有终点或终点无穷远的直线。射线主要用于绘制图形中投影所得线段的辅助引线，或绘制某些长度参数不确定的角度线等。

调用"射线"命令的方法有：

方法1：在功能区单击"默认"→"绘图"→"射线"，如图1-76所示。

方法2：用键盘输入命令RAY，然后按"Enter"键。

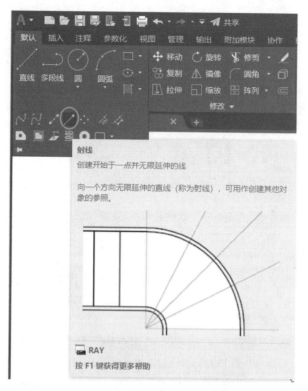

图 1-76　功能区调用"射线"命令

五、创新思维

创新绘制思路及过程

六、拓展提高

绘制如图 1-77 所示的直线图形。

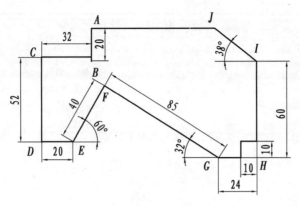

图 1-77 复杂直线图形

智能评测结果及问题分析

七、巩固实践

请完成图 1-78—图 1-80 所示的绘图练习。

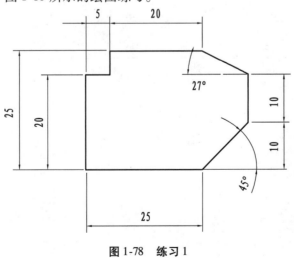

图 1-78 练习 1

智能评测结果及问题分析

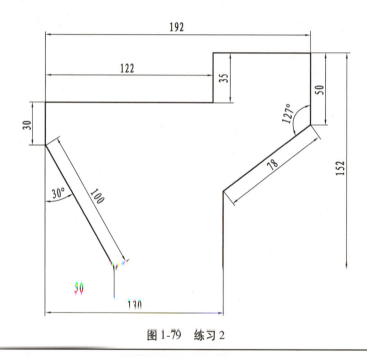

图 1-79　练习 2

智能评测结果及问题分析

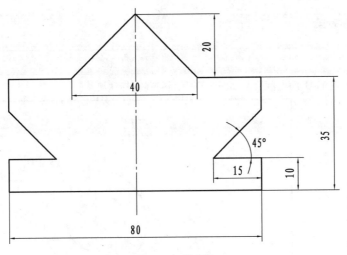

图1-80 **练习**3

智能评测结果及问题分析

任务2 斜板的绘制

学习目标

1.掌握圆、倒圆角的绘制；
2.掌握对象捕捉、极轴追踪的使用方法；
3.掌握对象捕捉追踪、参考点捕捉追踪和对象的选择的设置和使用；
4.掌握删除、修剪对象的使用；
5.掌握旋转、对齐对象的操作。

素养目标

1.培养遵规守纪、认真工作的职业精神；
2.培养乐于合作、善于表达的团队精神。

一、学习任务单

任务名称	斜板的绘制
任务描述	按1：1的比例绘制如图2-1所示斜板(不标注尺寸) 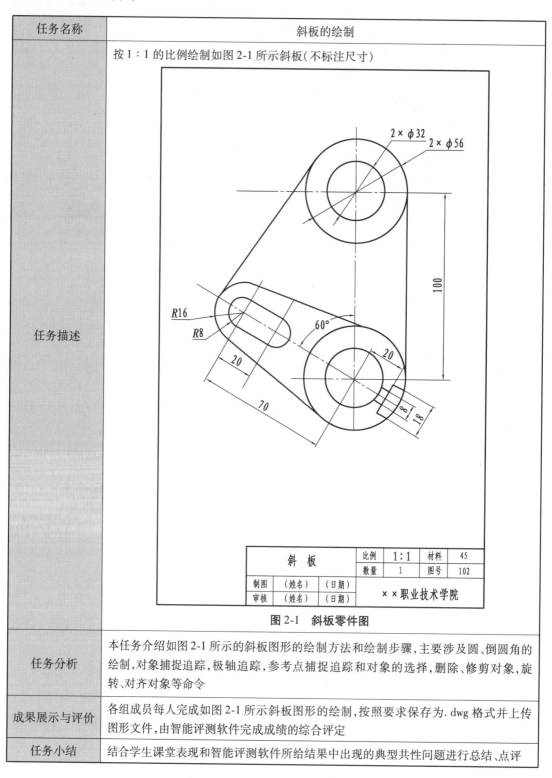 图2-1　斜板零件图
任务分析	本任务介绍如图2-1所示的斜板图形的绘制方法和绘制步骤,主要涉及圆、倒圆角的绘制,对象捕捉追踪,极轴追踪,参考点捕捉追踪和对象的选择,删除、修剪对象,旋转、对齐对象等命令
成果展示与评价	各组成员每人完成如图2-1所示斜板图形的绘制,按照要求保存为.dwg格式并上传图形文件,由智能评测软件完成成绩的综合评定
任务小结	结合学生课堂表现和智能评测软件所给结果中出现的典型共性问题进行总结、点评

二、操作过程

第 1 步:新建文件,文件名输入"斜板",单击保存。

第 2 步:新建图层,设置绘图环境。

第 3 步:选择点划线图层,绘制中心线,如图 2-2 所示。

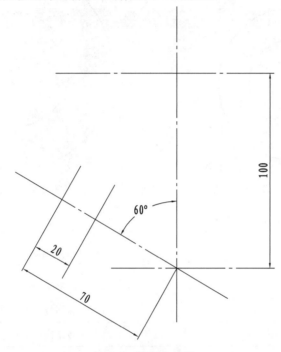

图 2-2　绘制中心线

第 4 步:绘制圆及切线,修剪并删除多余图线,如图 2-3 所示。

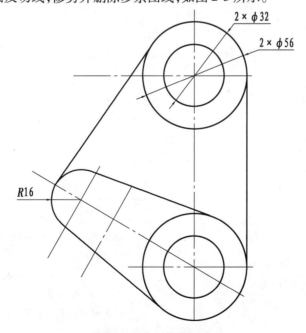

图 2-3　绘制圆及切线

第5步:用直线命令,配合对象捕捉和对象追踪绘制的ϕ32和ϕ56之间的图形1,如图2-4所示。

第6步:用"旋转"命令,将图形1旋转-120°,如图2-5所示。

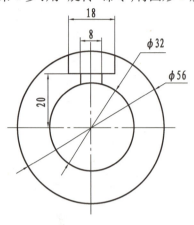

图2-4 绘制图形1

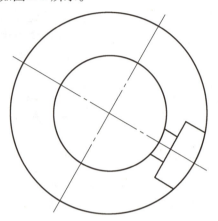

图2-5 旋转图形1

"旋转"命令的执行过程如下:

命令:_rotate UCS当前的正角方向:ANGDIR=逆时针 ANGBASE=0	启动"旋转"命令
选择对象:指定对角点:找到13个	利用鼠标框选,拾取图2-4所示的图形1
指定基点:	利用鼠标捕捉圆心作为旋转基点
指定旋转角度,或[复制(C)/参照(R)]<29>:-120	输入旋转角度:-120,按"Enter"键,完成旋转

第7步:在水平位置绘制图形2,如图2-6所示。

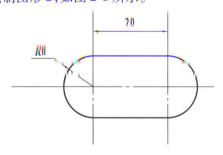

图2-6 绘制图形2

执行过程如下:

命令:_line	启动"直线"命令
指定第一个点: 指定下一点或[放弃(U)]:36 指定下一点或[放弃(U)]:16 指定下一点或[闭合(C)/放弃(U)]:36 指定下一点或[闭合(C)/放弃(U)]:16	在屏幕上空白位置单击一点,确定第一点。F8打开正交,向右移动鼠标,输入36,按"Enter"键,向下移动鼠标,输入16,按"Enter"键,向左移动鼠标,输入36,按"Enter"键,再向上移动鼠标,输入16,按"Enter"键,完成矩形绘制

命令：_fillet 当前设置：模式 = 修剪，半径 = 0.0000	启动"圆角"命令
选择第一个对象或［放弃(U)/多段线(P)/半径(R)/修剪(T)/多个(M)］：R	输入 R
指定圆角半径 <0.0000>：8	输入圆角半径8
选择第一个对象或［放弃(U)/多段线(P)/半径(R)/修剪(T)/多个(M)］： 选择第二个对象，或按住 Shift 键选择对象以应用角点或［半径(R)］：	单击选择矩形相邻的2条边，即可完成1个倒圆角
命令：FILLET 当前设置：模式 = 修剪，半径 = 8.0000 选择第一个对象或［放弃(U)/多段线(P)/半径(R)/修剪(T)/多个(M)］： 选择第二个对象，或按住 Shift 键选择对象以应用角点或［半径(R)］：	继续单击选择矩形相邻的2条边，完成第2个倒圆角；重复3次即可完成如图2-6所示的图形2的绘制

第8步：利用"对齐"命令，如图2-7所示，将图形2对齐到斜板的图形中，即可完成全图。

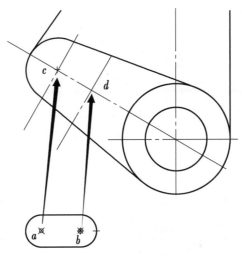

图2-7 图形2对齐到倾斜位置

执行过程如下：

命令：_align	启动"对齐"命令
选择对象：指定对角点：找到 8 个	用鼠标框选图形2，按"Enter"键
选择对象： 指定第一个源点：	用鼠标单击图形2左侧圆弧的圆心 a 点
指定第一个目标点：	用鼠标单击图 2-7 中心线上的 c 点

续表

指定第二个源点:	用鼠标单击图形 2 右侧圆弧的圆心 b 点
指定第二个目标点:	用鼠标单击图 2-7 中心线上的 d 点
指定第三个源点或 <继续>:	由于绘制的是平面图形,因此直接按"Enter"键,不指定第三源点
是否基于对齐点缩放对象?[是(Y)/否(N)] <否>: N	输入 N,或者用鼠标单击 N,或者按"Enter"键,不缩放,直接完成对齐到倾斜位置,结束命令

第 9 步:保存斜板图形文件。

三、评测修改

使用智能评测软件对学生的绘图进行检测,记录出现的错误,学生根据评分细则一步步修改、完善图纸,快速提高 CAD 绘图能力。

智能评测结果及问题分析

四、任务依据

知识点 1　圆、倒圆角的绘制

圆、倒圆角的绘制

1. 圆的绘制

调用"圆"命令常用的方法有:

方法 1:在功能区单击"默认"→"绘图"→"圆",如图 2-8 所示,选择圆绘制方式。

方法 2:用键盘输入"CIRCLE"或 C 启动,再按"Enter"键。

执行上述操作均可以调用"圆"命令。

AutoCAD 里有如下 6 种绘制圆的方法。

(1)"圆心、半径"方式画圆:通过指定圆心和圆的半径绘制圆,如图 2-9 所示。画圆时,鼠标单击确定圆心位置,键盘输入半径值,即可完成"圆心、半径"方式绘制圆。

(2)"圆心、直径"方式画圆:通过指定圆心和圆直径绘制圆,如图 2-10 所示。这种方法与第一种方法完全一样,只是输入的数值为圆的直径。

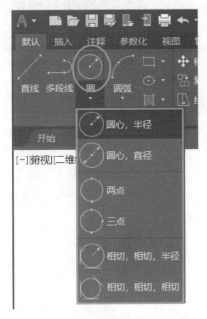

图 2-8 在"绘图"面板中"圆"命令的
下拉列表中选择绘图方式

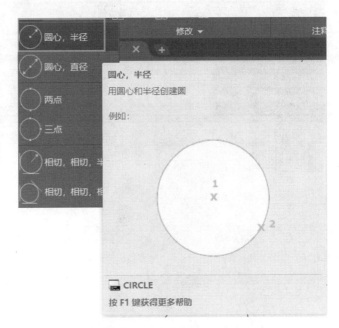

图 2-9 "圆心、半径"方式画圆

（3）"两点"方式画圆：指定圆周上的两点绘制圆，如图 2-11 所示。所指定两点间距离即为该圆的直径。

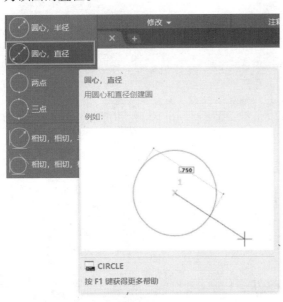

图 2-10 "圆心、直径"方式画圆

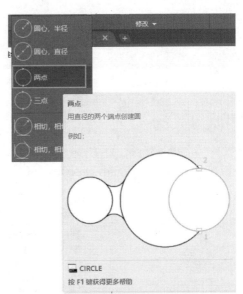

图 2-11 "两点"方式画圆

（4）"三点"方式画圆：通过指定圆周上任意三点绘制圆，如图 2-12 所示。

（5）"相切、相切、半径"方式画圆：通过指定两相切对象及圆的半径绘制圆，如图 2-13 所示。采用此方法时需要特别注意切点的位置选择。

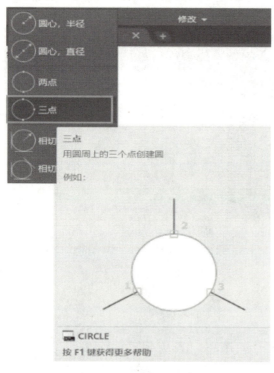

图2-12 "三点"方式画圆　　　　　图2-13 "相切、相切、半径"方式画圆

（6）"相切、相切、相切"方式画圆：通过指定与圆相切的三个对象绘制圆，如图2-14所示。

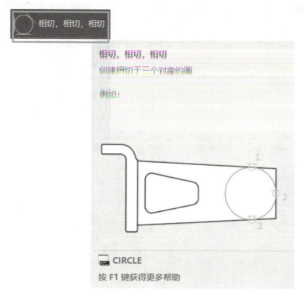

图2-14 "相切、相切、相切"方式画圆

2. 倒圆角的绘制

利用"圆角"命令可以用指定半径的圆弧将两对象光滑地连接起来，如图2-15所示。"圆角"常用于两圆弧（或圆）之间的圆弧连接，或者圆弧（或圆）与直线之间的圆弧连接。

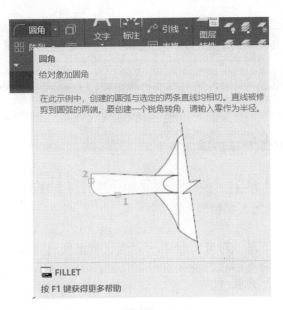

图 2-15 "圆角"命令

调用"圆角"命令常用的方法有：

方法 1：在功能区单击"默认"→"修改"→"圆角"，如图 2-16 所示。

图 2-16 "修改"面板中"圆角"命令

方法 2：用键盘输入"FILLET"或"F"，再按"Enter"键。

执行上述操作后，均可以调用"圆角"命令。

圆角有"修剪"与"不修剪"两种方式。

1)"修剪"方式倒圆角

采用修剪方式倒圆角时，除了在两对象之间增加相切圆弧外，还应将原对象自动修剪或延伸，如图 2-17(b)所示。

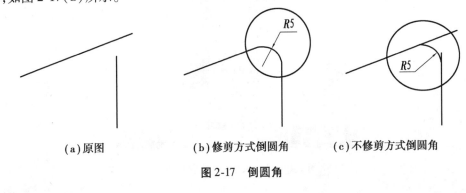

(a)原图 (b)修剪方式倒圆角 (c)不修剪方式倒圆角

图 2-17 倒圆角

2）"不修剪"方式倒圆角

采用不修剪方式倒圆角时,只在两对象之间增加相切圆弧,原对象不变,如图 2-17(c)所示。

注意：

　　倒圆角的"修剪"或"不修剪"方式通过选项"修剪(T)"进行设置。

知识点 2　对象捕捉、极轴追踪

1. 对象捕捉

对象捕捉、极
轴追踪

在 AutoCAD 中,用户可以通过自动对象捕捉或临时对象捕捉来迅速准确地捕捉对象的特殊点,从而实现精确绘图。

1）自动对象捕捉

当用户把光标移动到某一对象附近时,系统自动捕捉到该对象上符合条件的特征点,并显示出相应标记。如果将光标放在捕捉点停留几秒,系统将显示该捕捉点的名称提示。如图 2-18 所示,显示捕捉点为圆心。

图 2-18　自动捕捉圆心

使用对象捕捉前需要设置对象捕捉方式,调用对象捕捉设置常用的方法有:

方法 1:用鼠标右键单击工作界面最底端的绘图状态栏"对象捕捉"按钮,弹出如图 2-19 所示快捷菜单,单击选择快捷菜单上的对象捕捉选项或者单击快捷菜单最下方的"对象捕捉设置"。

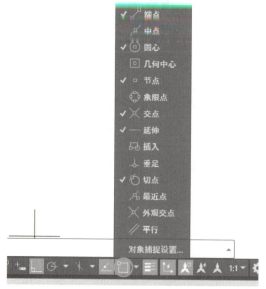

图 2-19　"对象捕捉"快捷菜单

　　方法2：在菜单栏单击"工具"，单击"绘图设置"，弹出"草图设置"对话框，在"对象捕捉"选项卡中选择对象捕捉模式选项，如图2-20所示。

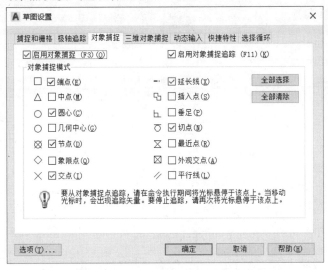

图2-20　"草图设置"对话框中的"对象捕捉"选项卡

　　方法3：在命令行输入"OSNAP"，然后按"Enter"键，即可打开如图2-20所示的"草图设置"对话框，选择对象捕捉模式选项。

　　设置完成后，打开对象捕捉即可进行自动对象捕捉。对象捕捉功能可以随时打开或关闭，常用方法有：

　　方法1：单击绘图状态栏的"对象捕捉"按钮可以打开或关闭对象捕捉，如图2-21所示。

图2-21　状态栏上"对象捕捉"按钮

　　方法2：在键盘上按功能键"F3"。

　　方法3：在如图2-20所示的"草图设置"对话框中的"对象捕捉"选项卡中勾选或不选"启用对象捕捉"复选框，从而打开或关闭对象捕捉。

注意：

　　自动对象捕捉的对象捕捉模式不宜选择太多，以避免相互干扰，一般只选择端点、圆心、交点几个常用的捕捉模式。

　　自动对象捕捉一旦设置长期有效，直到重新设置对象捕捉方式。

　　2）临时对象捕捉

　　对于一些不常用的对象捕捉方式，可以临时指定。

　　常用方法有：在命令要求输入点时，按"Shift+右键"或"Ctrl+右键"，弹出如图2-22所示的"临时对象捕捉"快捷菜单，单击相应选项即可进行临时对象捕捉。

图 2-22 "临时对象捕捉"快捷菜单

注意:

　　"临时对象捕捉"只对当前点有效,但具有优先权,即调用临时对象捕捉时自动捕捉设置被忽略,仅仅执行临时捕捉的设置,任务执行完毕后,恢复自动捕捉。

2. 极轴追踪

1)"极轴追踪"功能的打开或关闭

　　"极轴追踪"可以沿预先指定的角度增量方向追踪定点,是精确绘图非常有效的辅助工具。

　　在绘图过程中,可以随时打开或关闭"极轴追踪"功能,常用方法有:

　　方法1:在界面下面状态栏单击"极轴追踪"按钮，即可打开或关闭极轴追踪。

　　方法2:按功能键"F10"。

注意:

　　"极轴追踪"与"正交"不能同时打开,打开其中一个,系统则会自动关闭另一个。

2)更改"极轴追踪"的设置

　　用鼠标右键单击绘图状态栏"极轴追踪"按钮,可以更改追踪设置,如图 2-23 所示。

图 2-23 右击"极轴追踪"按钮更改追踪设置

通过设置极轴角度增量和极轴角测量的方式来确定极轴追踪参数,如图 2-24 所示。

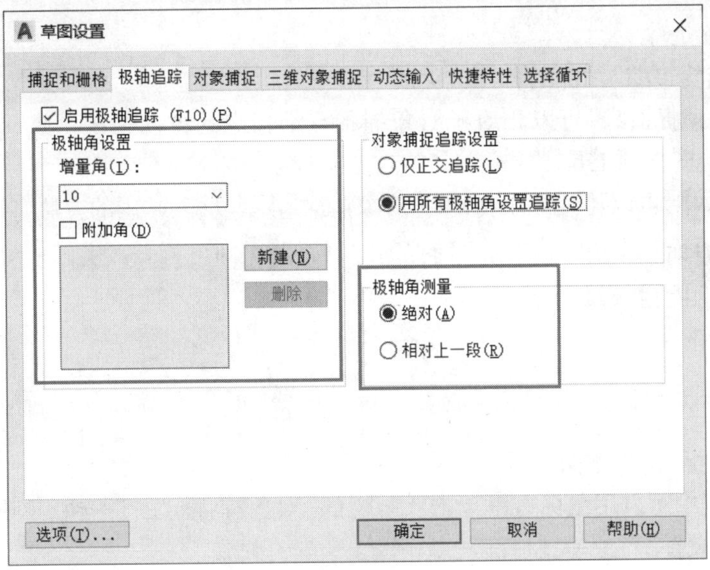

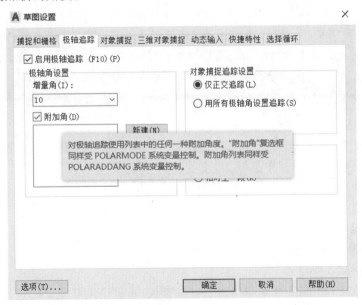

图 2-24　极轴追踪参数设置

(1)设置极轴角度增量。在"增量角"下拉列表中选择预设角度可以设置极轴角度增量,如图 2-25 所示。如果列表中的角度不能满足要求,则可以选中"附加角"复选框,单击"新建"按钮,增加新的角度。

图 2-25　在"增量角"下拉列表中选择预设角度

(2)设置极轴角测量方式。

"极轴角测量"用于设置极轴追踪角度的测量基准。选中"绝对"单选按钮,极轴追踪增量是相对于当前用户坐标系 UCS 的 X 方向的绝对极轴;选中"相对上一段"单选按钮,极轴追踪增量是相对于最后绘制线段的相对极轴。

知识点3　对象捕捉追踪、参考点捕捉追踪和对象的选择

对象捕捉追踪、参考点捕捉追踪和对象的选择

1. 对象捕捉追踪

1)"对象捕捉追踪"功能的打开或关闭

使用"对象捕捉追踪"可以相对于对象捕捉点沿指定的方向追踪定点,也是非常有效的绘图辅助工具。

在绘图过程中,可以随时打开或关闭"对象捕捉追踪"功能,常用的方法有:

方法1:在界面状态栏单击"对象捕捉追踪"按钮 ▨ 即可打开或关闭极轴追踪。

方法2:按功能键"F11"。

注意:

　　在使用"对象捕捉追踪"功能时必须同时启用"对象捕捉"功能。

2)"对象捕捉追踪"方向的设置

在绘图过程中可以用鼠标右键单击状态栏的"对象捕捉追踪"按钮,单击对象捕捉追踪设置,可以随时设置"对象捕捉追踪"。

使用"对象捕捉追踪"功能前,需预先设置对象捕捉追踪方向,同样在图2-24所示"极轴追踪"选项卡中设置。选中"仅正交追踪"单选按钮,系统将沿X和Y方向进行追踪;选中"用所有极轴角设置追踪",系统将沿极轴追踪所设置的极轴角及其整数倍角度方向进行。

注意:

　　对象捕捉追踪与对象捕捉作用不同:对象捕捉旨在图形上捕获特殊点,如垂足、端点、切点、中点、交点、圆心、节点等,只要打开了对象捕捉开关,并将鼠标光标移动到相关点附近,CAD软件就会自动捕捉这些点。对象捕捉追踪则不然,它主要通过指定点来捕获特殊线,使用该功能前,需要先开启极轴追踪,它需要结合极轴追踪一起使用。

　　由此可见,对象捕捉注重捕捉点,对象捕捉追踪重在辅助绘线,两种用途不同。

2. 参考点捕捉追踪

参考点捕捉追踪是根据已知点,捕捉到一个(或一个以上)参考点,再追踪到所需要的点,可以在"对象捕捉"工具栏中选择。

参考点捕捉追踪有"临时追踪点"和"捕捉自"两种方式。

1)临时追踪点

"临时追踪点"方式可以在一次操作中创建一条(或多条)通过一个(或多个)临时参考点的追踪线,并根据这些追踪线确定要定位的点。

2)捕捉自

"捕捉自"方式需指定一个基点作为临时参考点,通过输入要定位的点与基点间的相对坐标来确定点。

3. 对象的选择

在使用 AutoCAD 的过程中,我们经常需要选取被编辑的对象。当命令提示为"选择对象"时,光标变成正方形拾取框,即可进行对象的选择。

选择对象常用方法有:

1)点选方式

点选方式是系统默认选择对象的方法。直接移动鼠标至被选对象上单击,即可选择对

象。可依次单击拾取多个所需的对象,而被选择的对象将高亮显示,按"Enter"键可结束对象的选择。

2)窗口方式

窗口方式是通过指定两个角点确定一矩形窗口,完全包含在窗口内的所有对象被选中,与窗口相交的对象不被选中。

注意:

窗口方式是从左向右构建窗口,即操作时应先拾取左上(或左下)角点,后拾取右下(或右上)角点。

3)窗交方式

窗交方式类似于窗口方式,是通过指定两个角点确定一矩形窗口,与窗口相交的对象和窗口内的所有对象都被选中。

注意:

窗交方式是从右往左构建窗口,即操作时应先拾取右下(或右上)角点,后拾取左上(或左下)角点。

4)栏选方式

栏选方式通过绘制一条穿过被选对象的折线(称为栅栏)来选择对象,凡与该折线相交的对象均被选中。

5)全部方式

全部方式可以将图形中除冻结、锁定层上外的所有对象选中。当命令行提示为"选择对象"时,输入"ALL",按"Enter"键即可选中。

6)上一个方式

上一个方式可以将图形窗口内可见的元素中最后一个创建的对象选中。当命令行提示为"选择对象"时,输入"L",按"Enter"键即可选中。

AutoCAD 系统提供以上六种选择对象的方法,用户可以灵活选择。

知识点4　删除、修剪对象

删除、修剪对象

1.删除对象

在绘图过程中,对绘制错误的或多余的对象需要进行删除。

调用"删除"命令的方法主要有:

方法1:在功能区单击"默认"→"修改"→"删除",如图2-26所示。

方法2:在菜单栏单击"编辑"→"删除";或在菜单栏单击"修改"→"删除"。

方法3:用键盘输入命令"ERASE"或"E",按"Enter"键。

方法4:先选择对象,再按"Delete"键。

在删除对象时,既可以先调用删除命令再选择对象,也可以先选择对象再执行命令。

2.修剪对象

"修剪"能以选定的对象为边界来删除指定对象的一部分。

调用"修剪"命令常用的方法主要有:

方法1:在功能区单击"默认"→"修改"→"修剪",如图2-27所示。

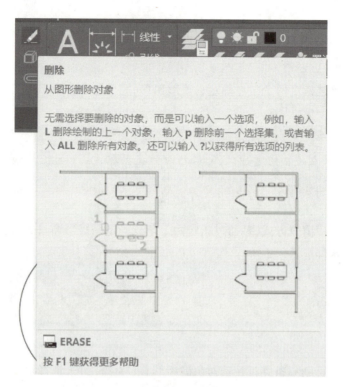

图 2-26 "修改"面板上的"删除"

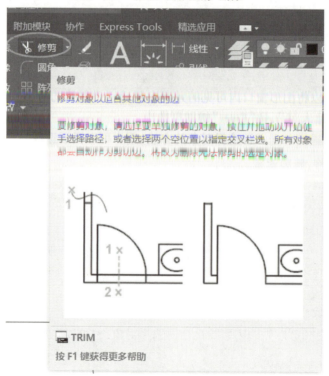

图 2-27 "修改"面板上的"修剪"

方法 2:在菜单栏单击"修改"→"修剪"。

方法 3:用键盘输入命令"TRIM"或"TR"。

"修剪"的模式有普通方式、延伸方式及互剪方式。

1）普通方式修剪对象

普通方式修剪对象,必须先选择剪切边界,再选择需要修剪的对象。

注意:

普通方式修剪对象,剪切边界和需要修剪的对象必须相交。

2）延伸方式修剪对象

如果剪切边界与需修剪的对象实际不相交,但剪切边界延长后与需修剪对象有交点,可以采用延伸方式修剪对象到隐含交点。

3）互剪方式修剪对象

剪切边同时又作为被修剪对象,两者可以相互剪切,称为互剪。启动"修剪"命令后,拾取全部对象或直接按"Enter"键,即可进入互剪模式,用户直接单击选择需修剪的部分即可进行修剪。

知识点 5　旋转、对齐对象

旋转、对齐对象

1. 旋转对象

用"旋转"命令能将选定对象绕指定中心点旋转。调用"旋转"命令的方法有:

方法 1:在功能区单击"默认"→"修改"→"旋转",如图 2-28 所示。

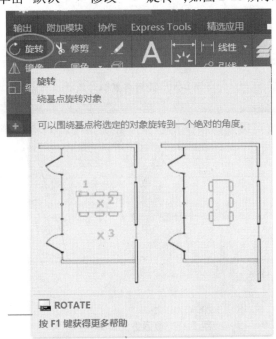

图 2-28　"修改"面板上的"旋转"

方法 2:在菜单栏单击"修改"→"旋转"。

方法 3:用键盘输入命令"ROTATE"或"RO"。

"旋转"的方式有指定角度旋转对象、旋转并复制对象、参照方式旋转对象 3 种。

1）指定角度旋转对象

指定角度旋转对象是将选定对象绕指定基点旋转指定角度，如图2-29所示。

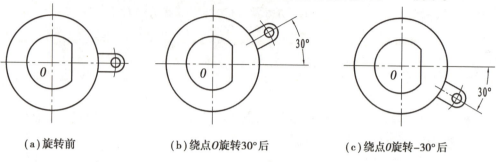

（a）旋转前　　　　　　　（b）绕点O旋转30°后　　　　　　（c）绕点O旋转-30°后

图2-29　指定角度旋转对象

2）旋转并复制对象

使用"旋转"命令的"复制（C）"选项，即可旋转并复制对象，如图2-30所示。

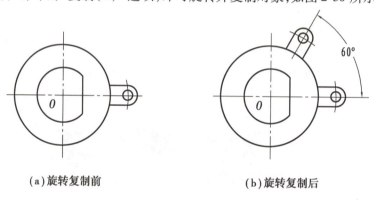

（a）旋转复制前　　　　　　　　　（b）旋转复制后

图2-30　旋转并复制对象

3）参照方式旋转对象

参照方式旋转对象，可以通过指定参照角度和新角度将对象从指定的角度旋转到新的绝对角度，如图2-31所示。

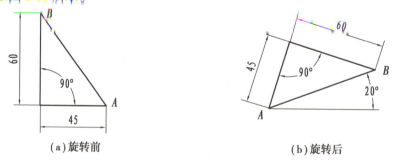

（a）旋转前　　　　　　　　　　（b）旋转后

图2-31　参照方式旋转对象

2. 对齐对象

"对齐"命令可以将选定对象移动、旋转或倾斜，使之与另一个对象对齐。调用"对齐"命令的方法有：

方法1：在功能区单击"默认"→"修改"→"对齐"，如图2-32所示。

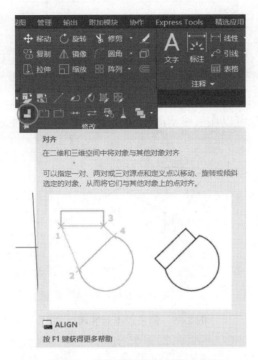

图 2-32　"修改"面板上的"对齐"

方法 2:用键盘输入命令"ALIGN"或"AL",按"Enter"键。

对齐对象的方式有用一对点对齐两对象、用两对点对齐两对象、用三对点对齐两对象。

1)用一对点对齐两对象

用一对点对齐两对象能将选定对象从源位置移动到目标位置,此时"对齐"命令的作用与"移动"命令的作用相同,如图 2-33 所示。

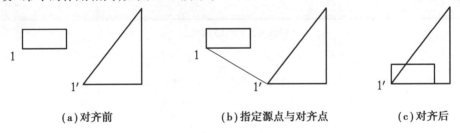

(a)对齐前　　　　　　　(b)指定源点与对齐点　　　　　　(c)对齐后

图 2-33　用一对点对齐两对象

2)用两对点对齐两对象

用两对点对齐两对象可以移动、旋转选定对象,并能选择是否基于对齐点缩放选定对象,如图 2-34 所示。

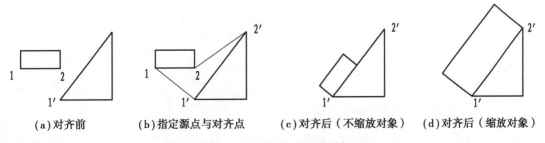

(a)对齐前　　　(b)指定源点与对齐点　　(c)对齐后(不缩放对象)　　(d)对齐后(缩放对象)

图 2-34　用两对点对齐两对象

注意：

对齐操作中第一对源点和目标点确定被对齐对象的位置；第二对源点和目标点确定被对齐对象的旋转角度和缩放比例。

3）用三对点对齐两对象

用三对点对齐两对象可以在三维空间移动和旋转选定对象，使之与其他对象对齐，如图 2-35 所示。

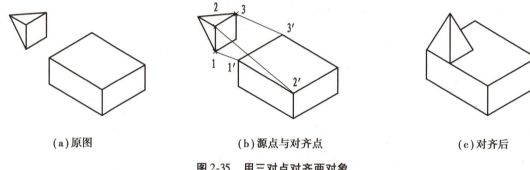

| (a)原图 | (b)源点与对齐点 | (c)对齐后 |

图 2-35　用三对点对齐两对象

提示：

对于图形中有倾斜结构的，可以先按照水平或竖直位置进行绘制，再将其旋转或对齐到所需的位置，可以大大提高作图速度。

对于图形中有多个尺寸不同但结构相同的，可以先绘制一个，再将其缩放对齐到所需的位置。

五、创新思维

创新绘制思路及过程

六、拓展提高

绘制如图 2-36 所示的图形。

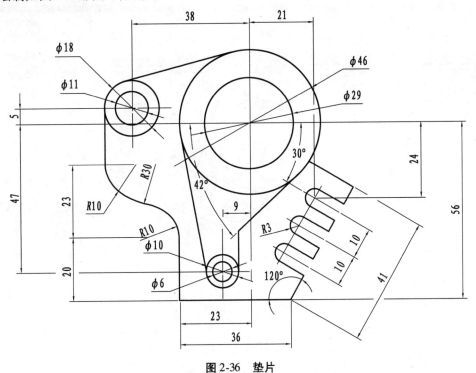

图 2-36 垫片

智能评测结果及问题分析

七、巩固实践

完成图2-37—图2-40所示的绘图练习。

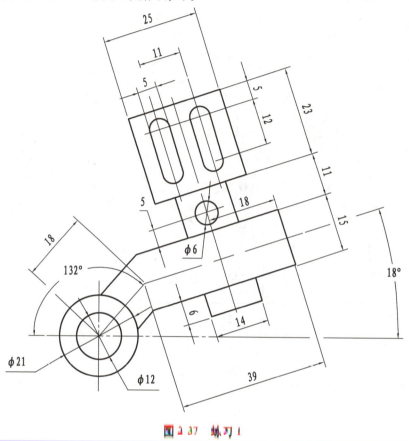

图2-37 练习1

智能评测结果及问题分析

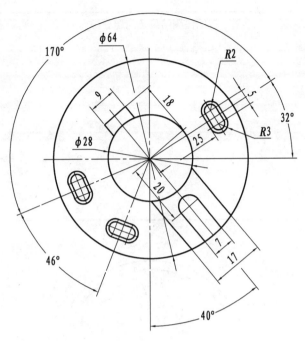

图 2-38 练习 2

智能评测结果及问题分析

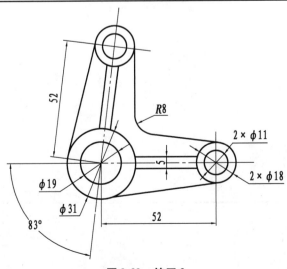

图 2-39 练习 3

智能评测结果及问题分析

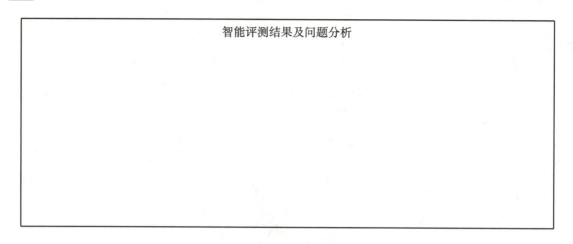

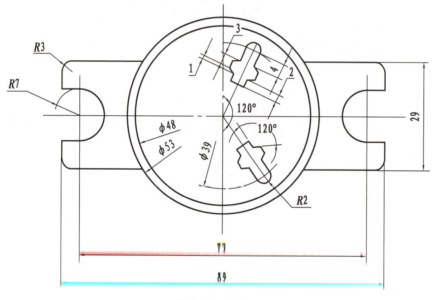

图 2-40　练习 4

智能评测结果及问题分析

任务3　扳手的绘制

 学习目标

1. 掌握正多边形的绘制；
2. 掌握分解、打断、合并对象的使用方法；
3. 掌握圆弧的绘制。

 素养目标

1. 培养举一反三、触类旁通的创新精神；
2. 培养善于倾听、乐于共享的团队精神。

一、学习任务单

任务名称	扳手的绘制
任务描述	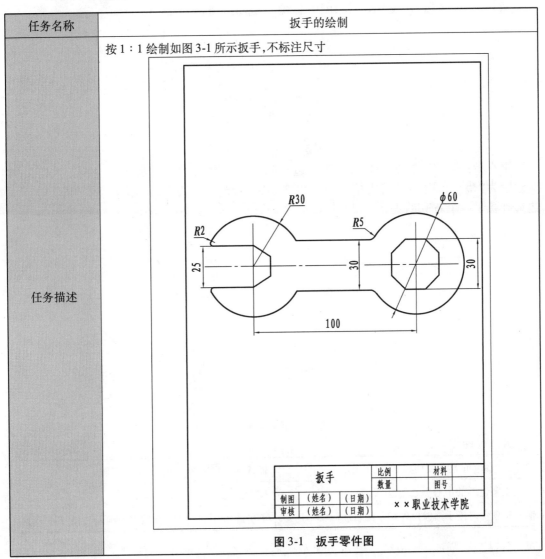

续表

任务名称	扳手的绘制
任务分析	本任务介绍如图3-1所示扳手零件图的绘制方法和步骤,主要涉及"正多边形"的绘制、"分解、打断、合并"对象和"圆弧"的绘制等命令
成果展示与评价	各组成员每个人完成扳手的绘制,按照要求保存为.dwg格式并上传图形文件,由智能评测软件完成成绩的综合评定
任务小结	结合学生课堂表现和软件智能评测结果中出现的典型共性问题进行点评、总结

二、操作过程

第1步:新建文件,文件名输入"扳手",单击保存。

第2步:新建"粗实线"和"点划线"两个图层,设置对象捕捉"圆心""端点""交点",启用"极轴追踪""对象捕捉",设置绘图环境。

第3步:选择"点划线"图层,绘制中心线,如图3-2所示。

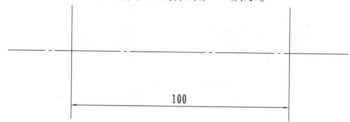

图 3-2　绘制中心线

第4步:选择"粗实线"图层,绘正六边形和正八边形,如图3-3所示。左侧正六边形的对角距为"25",即正六边形内接于一个φ25的圆;右侧正八边形的对边距为"30",即正八边形外切于一个φ30的圆。

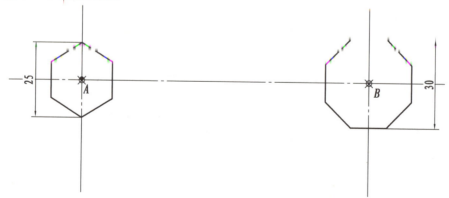

图 3-3　绘制正多边形

执行过程如下:

命令:_polygon 输入侧面数 <8>: 6	输入多边形的边数6,按"Enter"键
指定正多边形的中心点或［边(E)］:	捕捉如图3-3所示交点A
输入选项［内接于圆(I)/外切于圆(C)］<C>: I	单击选择"内接于圆"选项或者输入I,按"Enter"键

续表

指定圆的半径:@12.5<90	指定正六边形外接圆半径为 12.5,方向为 90°,按"Enter"键
命令:←	按"Enter"键,重复调用"多边形"命令
_polygon 输入侧面数 <6>:8	输入多边形的边数8,按"Enter"键
指定正多边形的中心点或〔边(E)〕:	捕捉如图 3-3 所示交点 B
输入选项〔内接于圆(I)/外切于圆(C)〕<I>:C	单击选择"外切于圆"选项或者输入 C,按"Enter"键
指定圆的半径:15	输入正八边形内切圆半径为 15,按"Enter"键

第 5 步:分解正六边形,删除多余的边,并绘制 2 条直线,如图 3-4 所示。

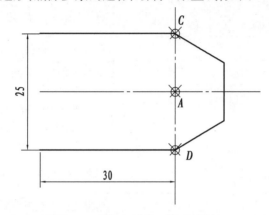

图 3-4　分解正六边形并绘制直线

执行过程如下:

命令:_explode	启动"分解"命令
选择对象:找到 1 个 选择对象:标注已解除关联	单击选择六边形,按"Enter"键,即可完成分解
命令:_erase	启动"删除"命令
选择对象:找到 1 个 选择对象:找到 1 个,总计 2 个 选择对象:找到 1 个,总计 3 个	依次单击选择六边形左侧的 3 条边,按"Enter"键结束选择,即可完成删除
命令:_line F8	启动"直线"命令 打开正交
指定第一个点: 指定下一点或〔放弃(U)〕:30	鼠标单击选择第一点 C,鼠标向左移动,输入 30,按"Enter"键,完成直线绘制
命令:_line F8	启动"直线"命令 打开正交
指定第一个点: 指定下一点或〔放弃(U)〕:30	鼠标单击选择第一点 D,鼠标向左移动,输入 30,按"Enter"键,完成第 2 条直线绘制

第 6 步:绘制扳手左边开口部分的圆弧外轮廓,如图 3-5 所示。

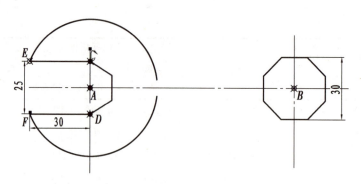

图 3-5　绘制扳手开口部分的圆弧外轮廓

执行过程如下：

命令：_arc 指定圆弧的起点或［圆心（C）］：_c	启动"圆心、起点、角度"绘制圆弧命令
指定圆弧的圆心：	单击点 A 为圆弧的圆心
指定圆弧的起点：	单击选择 E 点为圆弧起点
指定圆弧的端点（按住 Ctrl 键以切换方向）或［角度（A）/弦长（L）］：_a 指定夹角（按住 Ctrl 键以切换方向）：−150	输入角度为−150°，按"Enter"键，上半部分圆弧绘制完毕
命令：_arc 指定圆弧的起点或［圆心（C）］：_c	启动"圆心、起点、角度"绘制圆弧命令
指定圆弧的圆心：	单击选择 A 点为圆弧的圆心
指定圆弧的起点：	单击选择 F 点为圆弧起点
指定圆弧的端点（按住 Ctrl 键以切换方向）或［角度（A）/弦长（L）］：_a 指定夹角（按住 Ctrl 键以切换方向）：150	输入角度 150°，按"Enter"键，下半部分圆弧绘制完毕
命令：_fillet	启动"圆角"命令
当前设置：模式＝修剪，半径＝8.0000 选择第一个对象或［放弃（U）/多段线（P）/半径（R）/修剪（T）/多个（M）］：R	单击选择 R
指定圆角半径<8.0000>:2	输入圆角半径 2，按"Enter"键
选择第一个对象或［放弃（U）/多段线（P）/半径（R）/修剪（T）/多个（M）］：	鼠标单击选择 E 点上方的圆弧
选择第二个对象，或按住 Shift 键选择对象以应用角点或［半径（R）］：	鼠标单击选择 E 点右侧的直线，即可完成倒圆角 R2
命令：FILLET 当前设置：模式＝修剪，半径＝2.0000	按"Enter"键，重复"圆角"命令

续表

选择第一个对象或［放弃(U)/多段线(P)/半径(R)/修剪(T)/多个(M)］： 选择第二个对象，或按住 Shift 键选择对象以应用角点或［半径(R)］：	依次单击 F 点两边的圆弧和直线，即可完成倒圆角 R2，如图 3-6 所示 图 3-6 绘制 R2 圆角

第 7 步：绘制扳手右侧外轮廓，如图 3-7 所示。

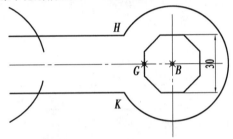

图 3-7 绘制扳手右侧外轮廓

执行过程如下：

命令：_circle	启动"圆"命令
指定圆的圆心或［三点(3P)/两点(2P)/切点、切点、半径(T)］：	单击点 B 为圆心
指定圆的半径或［直径(D)］：30	输入半径 30，按"Enter"键，圆即可绘制完毕
命令：_line	启动"直线"命令
指定第一个点：15	鼠标捕捉 G 点后，向上移动鼠标，并输入捕捉距离 15，按"Enter"键即可确定直线的起点
指定下一点或［放弃(U)］：	向左移动鼠标直至左边圆弧相交
命令：_line	启动"直线"命令
指定第一个点：15	鼠标捕捉 G 点后，向下移动鼠标，并输入捕捉距离 15，按"Enter"键即可确定直线的起点
指定下一点或［放弃(U)］：	鼠标向左移动到左侧圆弧的左边，单击左键，确定直线终点
指定下一点或［放弃(U)］：＊取消＊	取消"直线"命令
命令：_fillet	启动"圆角"命令

续表

当前设置：模式 = 修剪，半径 = 2.0000 选择第一个对象或［放弃(U)/多段线(P)/半径(R)/修剪(T)/多个(M)］：R	单击选择 R
指定圆角半径 <2.0000>：5	输入圆角半径5，按"Enter"键
选择第一个对象或［放弃(U)/多段线(P)/半径(R)/修剪(T)/多个(M)］：	鼠标单击选择 H 点上方的圆弧
选择第二个对象，或按住 Shift 键选择对象以应用角点或［半径(R)］：	鼠标单击选择 H 点左侧的直线，即可完成倒圆角 R5
命令：FILLET 当前设置：模式=修剪，半径=5.0000	按"Enter"键，重复"圆角"命令
选择第一个对象或［放弃(U)/多段线(P)/半径(R)/修剪(T)/多个(M)］： 选择第二个对象，或按住 Shift 键选择对象以应用角点或［半径(R)］：	依次单击 K 点两边的圆弧和直线，即可完成倒圆角 R5

第 8 步：修剪多余线条。

命令：_trim	启动"修剪"命令
当前设置：投影＝UCS，边＝延伸，模式＝标准 选择剪切边… 选择对象： 指定对角点：找到 21 个	框选图形作为剪切边
选择要修剪的对象，或按住 Shift 键选择要延伸的对象或［剪切边(T)/栏选(F)/窗交(C)/模式(O)/投影(P)/边(E)/删除(R)/放弃(U)］：	依次单击选择需要修剪的边即可修剪掉多余的线条

第 9 步：保存扳手图形文件，如图 3-8 所示。

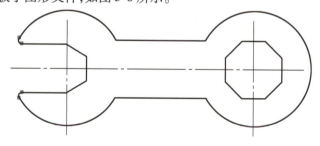

图 3-8　扳手

三、评测修改

使用智能评测软件对学生的绘图进行检测，记录出现的错误，学生根据评分细则一步步修改、完善图纸，快速提高 CAD 绘图能力。

智能评测结果及问题分析

四、任务依据

知识点 1　正多边形的绘制

正多边形的
绘制

利用"多边形"命令可以绘制边数最少为 3、最多为 1 024 的正多边形。调用"正多边形"命令常用的方法有：

方法 1：在功能区单击"默认"→"绘图"→"多边形"。

方法 2：键盘输入"polygon"或"PoL"，再按"Enter"键。

执行上述操作后，均可以调用"多边形"命令。使用此命令绘制的多边形，系统会将其作为一个对象来处理。

AutoCAD 里有"内接于圆""外切于圆"及"边长"3 种方式绘制正多边形，如图 3-9 所示。

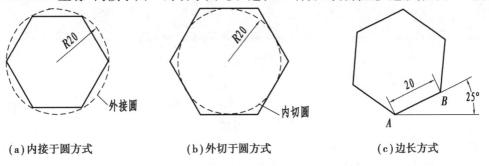

（a）内接于圆方式　　　　　（b）外切于圆方式　　　　　（c）边长方式

图 3-9　正多边形的绘制方式

1）"内接于圆"方式

采用"内接于圆"方式绘制正多边形需要已知正多边形的边数、其外接圆的圆心位置和半径，如图 3-9（a）所示。采用此方式绘制的正多边形将内接于假想的圆。

2）"外切于圆"方式

采用"外切于圆"方式绘制正多边形需要已知正多边形的边数、其内切圆的圆心位置和半径，如图 3-9（b）所示。采用此方式绘制的正多边形将外切于假想的圆。

3）"边长"方式

采用"边长"方式绘制正多边形需要已知正多边形的边长，如图 3-9（c）所示。系统将在用户指定正多边形一条边的两个端点后沿逆时针方向创建多边形，而且这两个端点决定了正多边形的放置角度。

注意:

采用"内接于圆"和"外切于圆"两种方式绘制的正多边形,默认情况下是将底边沿水平方向放置。

对于不按默认位置放置的正多边形,其放置位置可在系统提示"指定圆的半径:"时,输入"@半径<角度"来确定。其中的"角度"决定了正多边形的放置角度。

知识点2 分解、打断、合并对象

分解、打断、合并对象

1. 分解对象

利用"分解"命令可以将组合对象(如正多边形、尺寸、填充对象等)分解为单个元素,如图3-10所示。

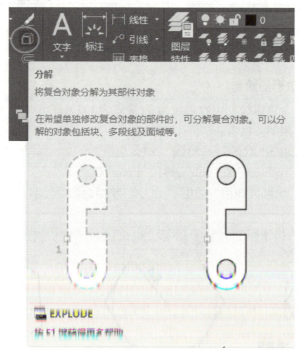

图3-10 "分解"命令

调用"分解"命令的常用方法有:

方法1:在功能区单击"默认"→"修改"→"分解"。

方法2:用键盘输入"EXPLODE",再按"Enter"键。

执行"分解"命令后,选择需要分解的对象,按"Enter"键,即可将组合对象完成分解,如图3-11所示。

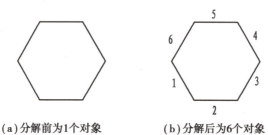

(a)分解前为1个对象   (b)分解后为6个对象

图3-11 分解正六边形

2.打断对象

1)打断

利用"打断"命令可以将选定对象在两点之间打断,如图 3-12 所示。

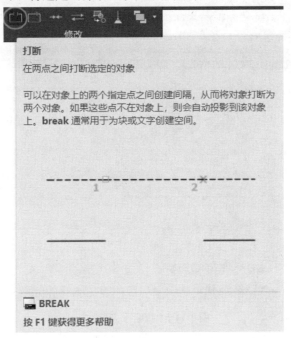

图 3-12 "打断"命令

调用"打断"命令常用的方法有:

方法 1:在功能区单击"默认"→"修改"→"打断"。

方法 2:用键盘输入 BREAK 或 BR,再按"Enter"键。

执行"打断"命令后,鼠标单击两选定对象的两个打断点,系统将两打断点之间的部分删除,如图 3-13 所示。

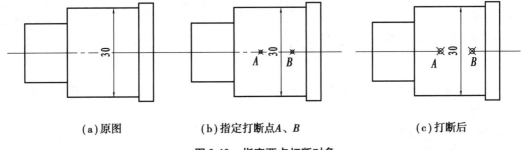

(a)原图   (b)指定打断点*A*、*B*   (c)打断后

图 3-13 指定两点打断对象

2)打断于点

"打断于点"命令可以将选定对象在一点处打断,如图 3-14 所示。

调用"打断于点"命令常用的方法有:

方法 1:在功能区单击"默认"→"修改"→"打断于点"。

方法 2:用键盘输入"BREAKATPOINT",再按"Enter"键。

执行"打断于点"命令后,鼠标单击打断点后,系统将从打断点处断为两个对象,如图 3-15 所示。

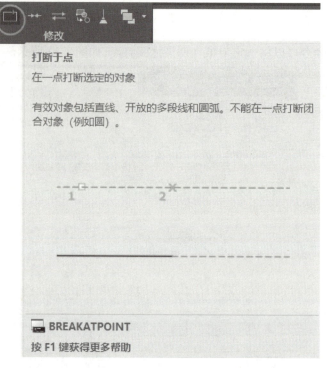

图 3-14 "打断于点"命令

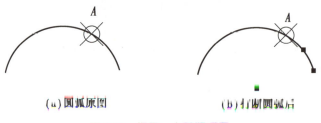

(a)圆弧原图   (b)打断圆弧后

图 3-15   指定一点打断对象

注意:

"打断于点"命令不能用于整圆在某点打断。

3. 合并对象

利用"合并"命令可以将多个选定对象连接成一个完整的对象,也可以将某段圆弧闭合成整圆,如图 3-16 所示。

调用"合并"命令常用的方法有:

方法 1:在功能区单击"默认"→"修改"→"合并"。

方法 2:用键盘输入"JOIN"或"J",再按"Enter"键。

执行"合并"命令后,鼠标依次单击选择多个对象,按 Enter 键,系统将多个对象合并为 1 个对象,如图 3-17 所示。

合并圆弧时,系统将所选圆弧沿逆时针方向连接起来。如图 3-18(a)所示两段圆弧,如先选择圆弧 A、再选择圆弧 B,其合并结果如图 3-18(b)所示;如先选择圆弧 B、再选择圆弧 A,其合并结果如图 3-18(c)所示。

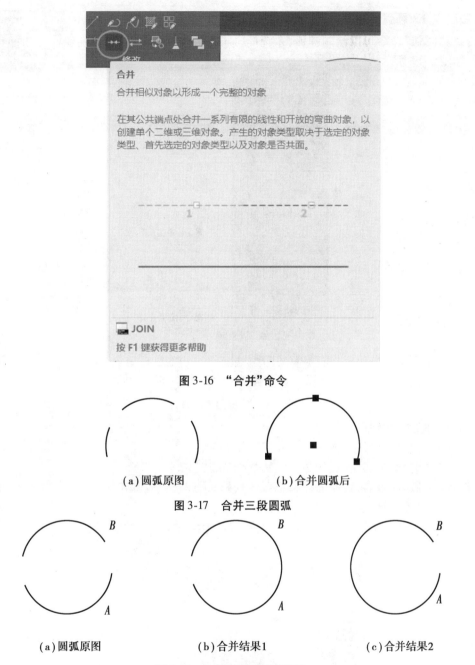

图 3-16 "合并"命令

（a）圆弧原图   （b）合并圆弧后

图 3-17 合并三段圆弧

（a）圆弧原图   （b）合并结果1   （c）合并结果2

图 3-18 合并圆弧的选择顺序

如要将某段圆弧闭合成整圆［如图 3-18（b）、图 3-18（c）所示］，可在选择圆弧后，按"Enter"键，选择"闭合（L）"选项，然后再按"Enter"键即可完成。

注意：

对于源对象和要合并的对象，如果是直线，则必须共线；如果是圆弧，则必须位于同一圆心且半径相同的圆上；如果是椭圆弧，则必须位于同一椭圆上。

两个待合并对象之间可以有间隙也可以没有间隙。

知识点3　圆弧的绘制

圆弧的绘制

利用"圆弧"命令可以绘制圆弧,系统提供了5种类型共11种不同的绘制方法,如图3-19所示。

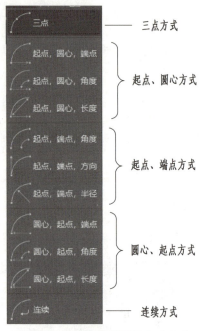

图3-19　绘制圆弧的方式

调用"圆弧"命令常用的方法有:

方法1:在功能区单击"默认"→"绘图"→"圆弧"。

方法2:用键盘输入"ARC"或"A",再按"Enter"键。

执行"圆弧"命令后,按照命令行提示完成输入,即可完成圆弧绘制。

1."三点"方式画弧

通过指定圆弧的起点、圆弧上的一点、端点(即终点)绘制圆弧。如图3-20所示,首先单击指定圆弧起点1点,接着指定圆弧上的2点,最后指定圆弧终点3点,即可完成。

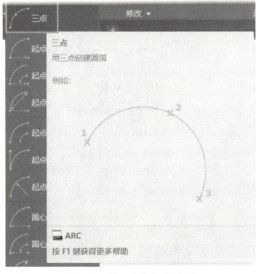

图3-20　"三点"方式画弧

1）指定起点、圆心方式画弧

此种绘制方法下有"起点、圆心、端点""起点、圆心、角度""起点、圆心、长度"3 种方式。

（1）"起点、圆心、端点"画弧：通过指定圆弧的起点、圆心、端点绘制圆弧。如图 3-21 所示，首先单击指定圆弧起点 1 点，接着指定圆心 2 点，最后指定圆弧终点 3 点，即可完成。

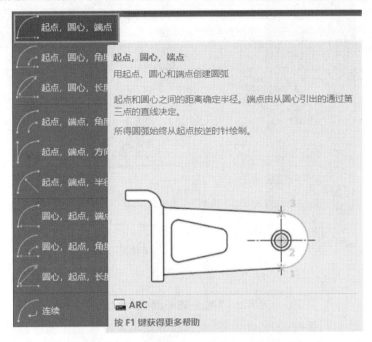

图 3-21 "起点、圆心、端点"方式画弧

注意：

在 AutoCAD 中绘制圆弧，是从起点开始，沿着逆时针方向创建圆弧，直到端点结束。起点、端点的不同位置，决定了圆弧的不同形状。

如图 3-22 所示，两段圆弧经过同样的 3 个点，但起点、端点位置不同，得到的两段圆弧形状不同。

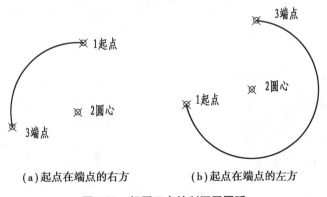

（a）起点在端点的右方　　（b）起点在端点的左方

图 3-22 相同三点绘制不同圆弧

（2）"起点、圆心、角度"画弧：已知圆弧的起点、圆心和圆弧所包含的圆心角绘制圆弧，如图 3-23 所示。

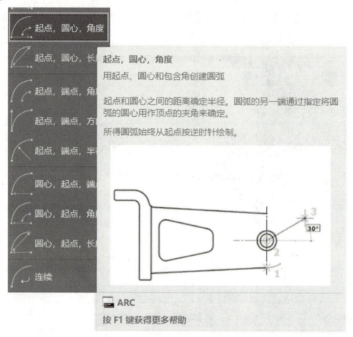

图 3-23　"起点、圆心、角度"画弧

采用此方式绘制圆弧时，如角度为正，从起点开始沿逆时针创建圆弧；如角度为负，则从起点开始沿顺时针创建圆弧。

（3）"起点、圆心、长度"画弧：已知圆弧的起点、圆心和圆弧的弦长绘制圆弧，如图 3-24 所示。

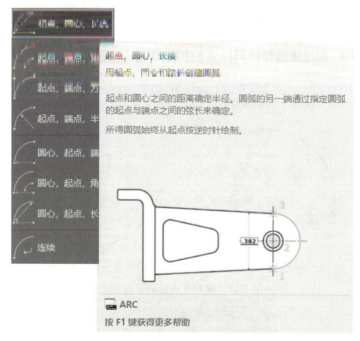

图 3-24　"起点、圆心、长度"画弧

注意:

采用"起点、圆心、长度"方式绘制圆弧时,如弦长为正,则绘制劣弧(小于半圆),如图 3-25(a)所示;如弦长为负,则绘制优弧(大于半圆),如图 3-25(b)所示。

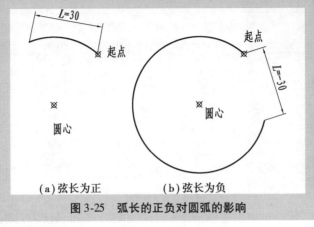

(a)弦长为正   (b)弦长为负

图 3-25 弧长的正负对圆弧的影响

2)指定起点、端点方式画弧

此种绘制方法下有"起点、端点、角度""起点、端点、方向"和"起点、端点、半径"3 种方式。

(1)"起点、端点、角度"画弧:已知圆弧的起点、终点和圆弧所包含的圆心角绘制圆弧,如图 3-26 所示。

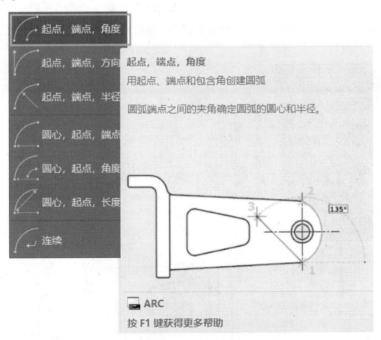

图 3-26 "起点、端点、角度"画弧

（2）"起点、端点、方向"画弧：已知圆弧的起点、终点和圆弧起点的切线方向绘制圆弧，如图 3-27 所示。

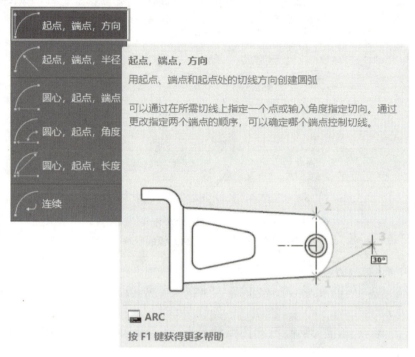

图 3-27 "起点、端点、方向"画弧

（3）"起点、端点、半径"画弧：已知圆弧的起点、终点和圆弧的半径绘制圆弧，如图 3-28 所示。

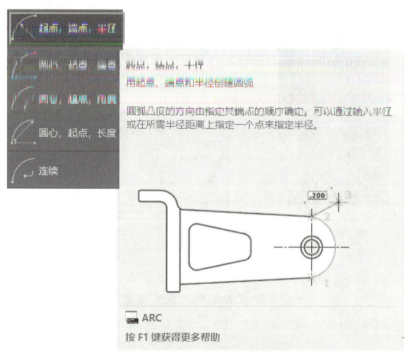

图 3-28 "起点、端点、半径"画弧

注意：

采用"起点、端点、半径"绘制圆弧时，如半径为正，则绘制劣弧，如图 3-29（a）所示；如半径为负，则绘制优弧，如图 3-29（b）所示。

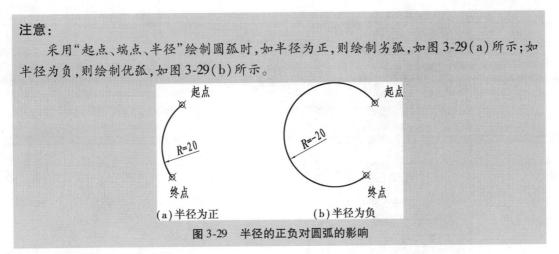

图 3-29　半径的正负对圆弧的影响

3）指定圆心、起点方式画弧

此种绘制方法下有"圆心、起点、端点""圆心、起点、角度"和"圆心、起点、长度"3 种方式。

（1）"圆心、起点、端点"画弧：已知圆弧的圆心、起点、端点绘制圆弧，如图 3-30 所示。

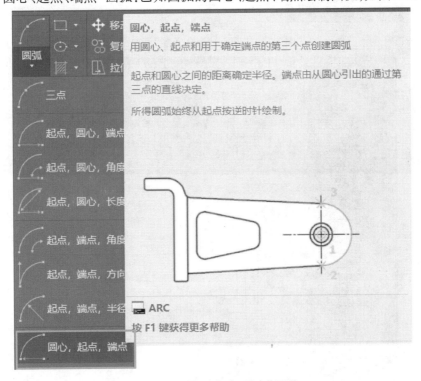

图 3-30　"圆心、起点、端点"画弧

近似画法绘制两个垂直相交的圆柱的相贯线即可采用"圆心、起点、端点"画弧。

（2）"圆心、起点、角度"画弧：已知圆弧的圆心、起点、角度绘制圆弧，如图 3-31 所示。

（3）"圆心、起点、长度"画弧：已知圆弧的圆心、起点、长度绘制圆弧，如图 3-32 所示。

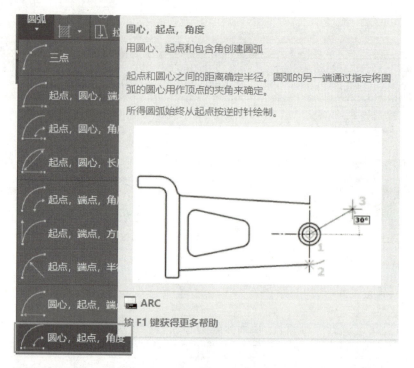

图 3-31 "圆心、起点、角度"画弧

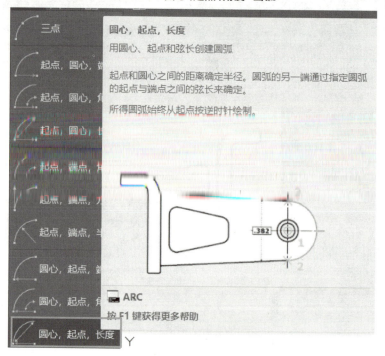

图 3-32 "圆心、起点、长度"画弧

2. 连续方式画弧

以刚画完的直线或圆弧的终点为起点绘制与该直线或圆弧相切的圆弧,如图 3-33 所示。

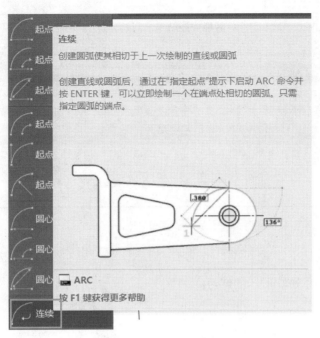

图 3-33 连续方式画弧

五、创新思维

创新绘制思路及过程

六、拓展提高

完成图 3-34 的绘制。

图 3-34 单头扳手

智能评测结果及问题分析

七、巩固实践

完成图 3-35—图 3-40 所示的练习。

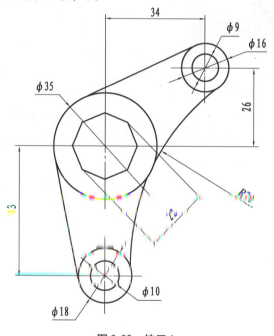

图 3-35 练习 1

智能评测结果及问题分析

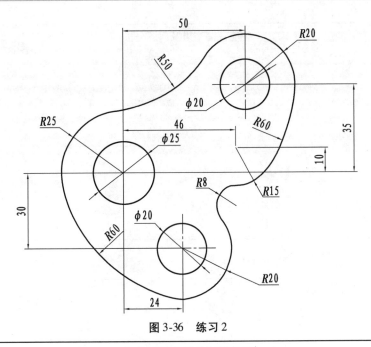

图 3-36 练习 2

智能评测结果及问题分析

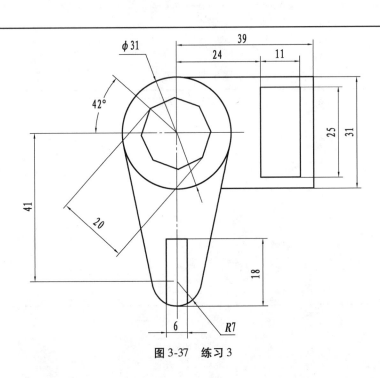

图 3-37 练习 3

智能评测结果及问题分析

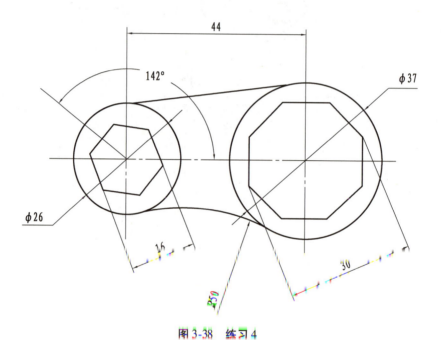

图 3-38　练习 4

智能评测结果及问题分析

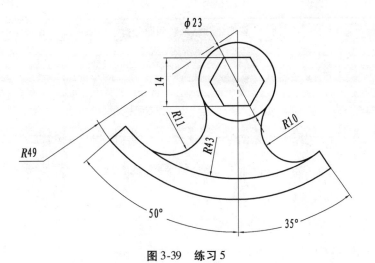

图 3-39 练习 5

智能评测结果及问题分析

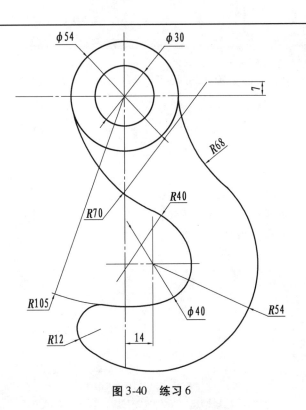

图 3-40 练习 6

智能评测结果及问题分析

任务4 锁钩轮廓平面图的绘制

学习目标

1. 掌握偏移、复制对象的使用方法；
2. 掌握比例缩放对象的使用方法；
3. 掌握标注样式的创建；
4. 熟练编辑尺寸标注。

素养目标

1. 培养严谨细致、高度负责的工匠精神；
2. 培养举一反三、触类旁通的创新精神；
3. 培养求真务实、科学思辨的职业素养。

一、学习任务单

任务名称	锁钩的绘制		
任务描述	按 1:1 绘制如图 4-1 所示锁钩,标注尺寸 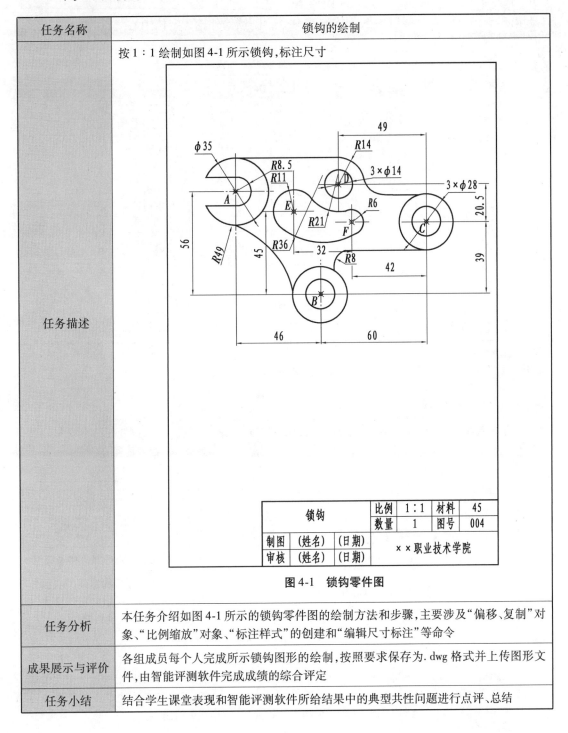 图 4-1 锁钩零件图		
任务分析	本任务介绍如图 4-1 所示的锁钩零件图的绘制方法和步骤,主要涉及"偏移、复制"对象、"比例缩放"对象、"标注样式"的创建和"编辑尺寸标注"等命令		
成果展示与评价	各组成员每个人完成所示锁钩图形的绘制,按照要求保存为.dwg 格式并上传图形文件,由智能评测软件完成成绩的综合评定		
任务小结	结合学生课堂表现和智能评测软件所给结果中的典型共性问题进行点评、总结		

二、操作过程

第 1 步:新建文件,文件名输入"锁钩",单击保存。

第2步:新建"粗实线""点划线""尺寸"等图层;设置对象捕捉"圆心""端点""交点",启用"极轴追踪""对象捕捉",设置绘图环境。

第3步:选择"点划线"图层,用构造线命令绘制锁钩外轮廓定位中心线,如图4-2所示。

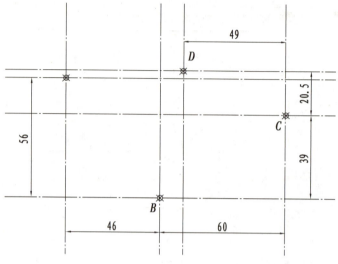

图4-2 绘制中心线

执行过程如下:

命令:_xline 指定点或［水平(H)/垂直(V)/角度(A)/二等分(B)/偏移(O)］: 指定通过点:<正交 开>	通过A点绘制水平构造线
XLINE 指定点或［水平(H)/垂直(V)/角度(A)/二等分(B)/偏移(O)］: 指定通过点:	通过A点绘制垂直构造线
命令:_offset	启动偏移命令
当前设置:删除源=否　图层=源　OFFSETGAPTYPE=0 指定偏移距离或［通过(T)/删除(E)/图层(L)］<通过>:46	输入偏移距离46,按"Enter"键
选择要偏移的对象,或［退出(E)/放弃(U)］<退出>:	单击选择通过A点的竖直构造线
指定要偏移的那一侧上的点,或［退出(E)/多个(M)/放弃(U)］<退出>:	在通过A点的竖直构造线的右侧任意位置单击,完成偏移,即可完成过B点的竖直中心线的绘制
命令:_offset 当前设置:删除源=否　图层=源　OFFSETGAPTYPE=0 指定偏移距离或［通过(T)/删除(E)/图层(L)］<46.0000>:60 选择要偏移的对象,或［退出(E)/放弃(U)］<退出>: 指定要偏移的那一侧上的点,或［退出(E)/多个(M)/放弃(U)］<退出>: 选择要偏移的对象,或［退出(E)/放弃(U)］<退出>:*取消*	将通过B点的竖直构造线向右偏移60,即可完成通过C点的竖直中心线的绘制

命令：_offset 当前设置：删除源＝否　图层＝源　OFFSETGAPTYPE＝0 指定偏移距离或［通过(T)/删除(E)/图层(L)］<60.0000>：56 选择要偏移的对象，或［退出(E)/放弃(U)］<退出>： 指定要偏移的那一侧上的点，或［退出(E)/多个(M)/放弃(U)］ <退出>： 选择要偏移的对象，或［退出(E)/放弃(U)］<退出>：＊取消＊	将通过 A 点的水平构造线向下偏移56，即可完成通过 B 点的水平中心线的绘制
命令：_offset 当前设置：删除源＝否　图层＝源　OFFSETGAPTYPE＝0 指定偏移距离或［通过(T)/删除(E)/图层(L)］<56.0000>：39 选择要偏移的对象，或［退出(E)/放弃(U)］<退出>： 指定要偏移的那一侧上的点，或［退出(E)/多个(M)/放弃(U)］ <退出>： 选择要偏移的对象，或［退出(E)/放弃(U)］<退出>：＊取消＊	将通过 B 点的水平构造线向上偏移39，即可完成通过 C 点的水平中心线的绘制
命令：_offset 当前设置：删除源＝否　图层＝源　OFFSETGAPTYPE＝0 指定偏移距离或［通过(T)/删除(E)/图层(L)］<39.0000>：49 选择要偏移的对象，或［退出(E)/放弃(U)］<退出>： 指定要偏移的那一侧上的点，或［退出(E)/多个(M)/放弃(U)］ <退出>： 选择要偏移的对象，或［退出(E)/放弃(U)］<退出>：＊取消＊	将通过 C 点的竖直构造线向左偏移49，即可完成通过 D 点的竖直中心线的绘制
命令：_offset 当前设置：删除源＝否　图层＝源　OFFSETGAPTYPE＝0 指定偏移距离或［通过(T)/删除(E)/图层(L)］<49.0000>：20.5 选择要偏移的对象，或［退出(E)/放弃(U)］<退出>： 指定要偏移的那一侧上的点，或［退出(E)/多个(M)/放弃(U)］ <退出>： 选择要偏移的对象，或［退出(E)/放弃(U)］<退出>：＊取消＊	将通过 C 点的水平构造线向上偏移20.5，即可完成通过 D 点的水平中心线的绘制

第 4 步：选择"粗实线"图层，绘制锁钩外轮廓四组同心圆，如图4-3所示。

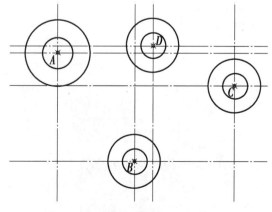

图4-3　绘制锁钩外轮廓四组同心圆

执行程序如下:

命令:_circle 指定圆的圆心或[三点(3P)/两点(2P)/切点、切点、半径(T)]: 指定圆的半径或[直径(D)]:7	在 B 点绘制半径为 7 的圆
命令:_scale	启动"缩放"命令
选择对象:找到 1 个	单击选择半径 7 的圆 B
指定基点:	指定 B 点为基点
指定比例因子或[复制(C)/参照(R)]:C 缩放一组选定对象。	单击命令行"复制(C)"
指定比例因子或[复制(C)/参照(R)]:2 命令:*取消*	输入比例因子 2,按"Enter"键,即可 完成在 B 点绘制半径为 14 的圆
命令:_copy 选择对象:找到 1 个 选择对象:找到 1 个,总计 2 个 当前设置:复制模式=多个	启动"复制"命令,单击选择 R7,R14 的圆
指定基点或[位移(D)/模式(O)]<位移>:	指定 B 点为基点
指定第二个点或[阵列(A)]<使用第一个点作为位移>:	选择 C 点,完成复制 R7,R14 的圆
指定第二个点或[阵列(A)/退出(E)/放弃(U)]<退出>:	选择 D 点,完成复制 R7,R14 的圆, 按 Esc 键退出复制命令
命令:_circle 指定圆的圆心或[三点(3P)/两点(2P)/切点、切点、半径(T)]: 指定圆的半径或[直径(D)]<14.0000>:8.5	在 A 点绘制半径为 8.5 的圆
命令:CIRCLE 指定圆的圆心或[三点(3P)/两点(2P)/切点、切点、半径(T)]: 指定圆的半径或[直径(D)]<0.5000>:17.5	在 A 点绘制半径为 17.5 的圆

第 5 步:绘制锁钩外轮廓的连接直线和圆弧,并修剪多余线条,如图 4-4 所示。

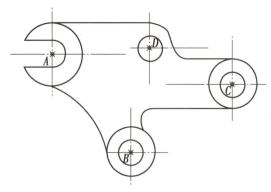

图 4-4 绘制锁钩外轮廓的连接直线和圆弧

第 6 步:绘制锁钩中间镂空部分的圆弧,修剪多余的线条,如图 4-5 所示。

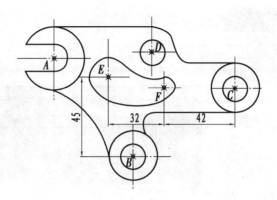

图 4-5　绘制锁钩中间镂空部分的圆弧

第 7 步:新建"机械标注"尺寸样式,完成锁钩的尺寸标注,如图 4-1 所示。

第 8 步:保存锁钩图形文件。

三、评测修改

使用智能评测软件对学生的绘图进行检测,记录出现的错误,学生根据评分细则一步步修改完善图纸,快速提高 CAD 绘图能力。

智能评测结果及问题分析

四、任务依据

知识点 1　偏移、复制对象

偏移、复制对象

1. 对象的偏移

利用"偏移"命令可以将一个图形对象在其一侧作等距离复制,如图 4-6 所示。

调用"偏移"命令常用的方法有:

方法 1:在功能区单击"默认"→"修改"→"偏移",如图 4-7 所示。

方法 2:用键盘输入"OFFSET"或"O",再按"Enter"键。

偏移有两种方式,一种是"指定距离"方式,另一种是"指定通过点"方式。

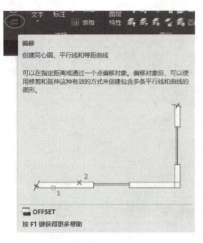

图4-6 偏移对象   图4-7 "默认"→"修改"→"偏移"

1)"指定距离"方式

"指定距离"方式通过输入偏移距离复制对象,如图4-8所示。调用"偏移"命令后,直接输入偏移的距离,选择要偏移的对象,再拾取一点确定偏移对象的位置,即可完成偏移操作。

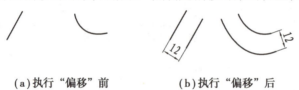

（a）执行"偏移"前   （b）执行"偏移"后

图4-8 "指定距离"偏移对象

2)"指定通过点"方式

如果不知道具体的偏移距离,但知道偏移对象通过的点,则可以采用指定通过点方式来偏移对象,如图4-9所示。

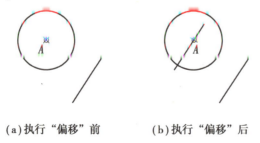

（a）执行"偏移"前   （b）执行"偏移"后

图4-9 "指定通过点"偏移对象

调用"偏移"命令后,选择"通过（T）"选项,再选择要偏移的对象,拾取一点确定偏移对象的位置,即可完成偏移操作。

2.对象的复制

将选中的对象复制一个或多个到指定的位置,并能采用"阵列"方式指定在路径阵列中复制的数量,如图4-10所示。

调用"复制"命令常用的方法有:

方法1:在功能区单击"默认"→"修改"→"复制",如图4-11所示。

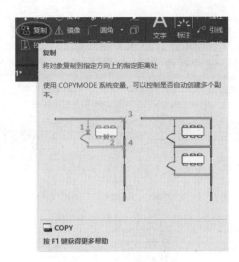

图 4-10 "复制"命令

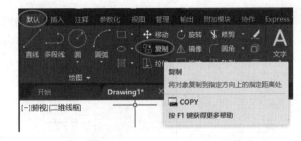

图 4-11 "默认"→"修改"→"复制"

方法 2:用键盘输入"COPY"或"CO"或"CP",再按"Enter"键。

复制对象有两种方式,一种是指定两点复制对象,另一种是指定位移复制对象。

(1)指定两点复制对象:先指定基点,随后指定第二点,即以输入的两个点来确定复制的方向和距离。

(2)指定位移复制对象:直接输入被复制对象的位移(即相对距离)。

注意:

指定位移复制对象输入的坐标值系统默认为相对坐标形式。可直接输入坐标,无须像通常情况下那样包含"@"标记。

知识点 2 比例缩放对象

比例缩放对象

将选定的对象以指定的基点为中心按指定的比例放大或缩小,如图 4-12 所示。

调用"缩放"命令的常用方法有:

方法 1:在功能区单击"默认"→"修改"→"缩放",如图 4-13 所示。

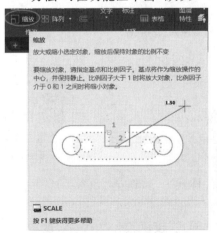

图 4-12 "缩放"命令

图 4-13 "默认"→"修改"→"缩放"

方法 2：用键盘输入"SCALE"或"SC"，再按"Enter"键。

缩放有两种方式，一种是指定比例因子缩放对象，另一种是参照方式缩放对象。

（1）指定比例因子缩放对象：通过直接输入比例因子缩放对象，比例因子大于 1，放大对象；比例因子小于 1，缩小对象，如图 4-14 所示。

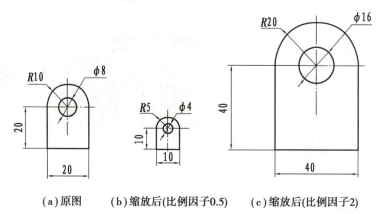

（a）原图　　　（b）缩放后(比例因子0.5)　　（c）缩放后(比例因子2)

图 4-14　指定比例因子缩放对象

（2）参照方式缩放对象：该方式由系统自动计算指定的新长度与参照长度的比值作为比例因子缩放所选对象。

已知边长为 15 mm 的正方形和底边长为 40 mm 等腰三角形［图 4-15（a）］，需要正方形边长参照三角形的底边长进行缩放，执行参照方式缩放，使正方形边长与三角形底边长相等，如图 4-15（b）所示。

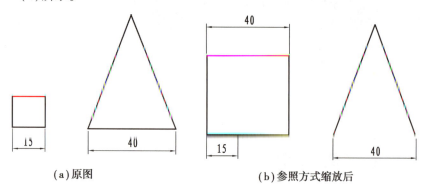

（a）原图　　　　　　　　　（b）参照方式缩放后

图 4-15　参照方式缩放对象

知识点3　标注样式的创建

1.尺寸样式的创建

标注样式的创建

在标注尺寸之前，一般要先根据国家标准的有关要求创建尺寸样式。可利用"标注样式管理器"设置多个标注样式，以便在标注尺寸时灵活应用。

调用"标注样式管理器"命令常用的方法有：

方法 1：在功能区单击"默认"→"注释"→"标注，标注样式…"按钮，如图 4-16 所示。

方法 2：键盘输入"DIMSTYLE"，再按"Enter"键。

方法 3：在功能区单击"注释"→"标注"→"标注，标注样式"按钮，如图 4-17 所示。

图 4-16　默认→标注样式管理器

图 4-17　注释→标注样式管理器

执行标注,"标注样式"命令后,弹出"标注样式管理器"对话框,如图4-18所示,"样式列表"显示了当前样式名及其预览图,默认的尺寸样式为"ISO-25"。

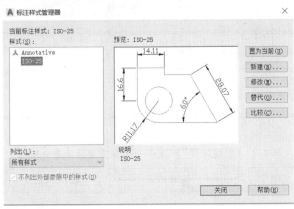

图 4-18　"标注样式管理器"对话框

2.标注样式特性的设置

创建一种尺寸样式,样式名为"机械标注",以 ISO-25 为基础样式,按要求创建包含"角度""半径"及"直径"3 个子样式的样式,并将其置为当前样式(表中未涉及的变量采用默认值)。

标注样式控制尺寸标注的格式和外观,涉及标注效果的选项较多,AutoCAD 将它们排列在"标注样式管理器"对话框的"线""符号和箭头""文字""调整""主单位""换算单位"和"公差"7 个选项卡中,并对 7 个选项卡的选项进行设置,也就设置了尺寸样式的特性。

"机械标注"样式的父样式变量和子样式变量设置表见表4-1和表4-2。

表4-1 "机械标注"样式——父样式变量设置一览表

选项卡	选项组	选项名称	变量值
线	尺寸线	基线间距	8
	尺寸界线	超出尺寸线	2
		起点偏移量	0
符号和箭头	箭头	第一个	实心闭合
		第二个	实心闭合
		引线	实心闭合
		箭头大小	2.5
	半径标注折弯	折弯角度	45
文字	文字外观	文字样式	工程字
	文字位置	文字高度	3.5
		垂直	上
		水平	居中
		观察方向	从左到右
		从尺寸线偏移	1
	文字对齐	与尺寸线对齐	选中
调整	调整选项	文字或箭头（最佳效果）	选中
主单位	线性标注	单位格式	小数
		精度	0.00
		小数分隔符	句点
	角度标注	单位格式	十进制度数
		精度	0

表4-2 "机械标注"样式——子样式变量设置一览表

名称	选项卡	选项组	选项名称	变量值
角度	文字	文字位置	垂直	上
			水平	居中
		文字对齐	水平	选中
半径/直径	文字	文字对齐	ISO 标准	选中
	调整	调整选项	文字	选中

3. 创建一种尺寸样式

创建一种尺寸样式的步骤如下：

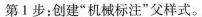

第1步:创建"机械标注"父样式。

(1)在功能区单击"默认"→"注释"→"标注样式",弹出"标注样式管理器"对话框。

(2)在"标注样式管理器"对话框中单击"新建"按钮,弹出"创建新标注样式"对话框,如图4-19所示。

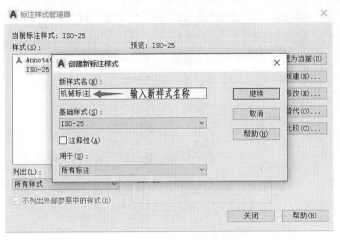

图4-19 "创建新标注样式"对话框

(3)在"新样式名"文本框中输入"机械标注",在"基础样式"下拉列表中选择"ISO-25",在"用于"下拉列表中选择"所有标注"。

(4)单击"继续"按钮,弹出"新建标注样式:机械标注"对话框,按要求设置"线"选项卡中的各项参数,如图4-20所示。

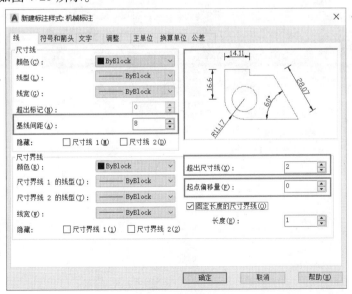

图4-20 设置机械标注"线"选项

(5)单击"符号和箭头"选项卡,按要求设置各项参数,如图4-21所示。

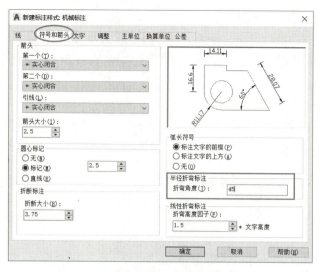

图4-21　设置机械标注的"符号和箭头"选项

（6）单击"文字"选项卡，新建"工程字"文字样式，如图4-22所示。

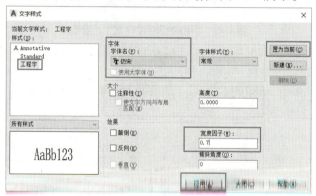

图4-22　新建"工程字"文字样式

按要求设置"文字"选项，如图4-23所示。

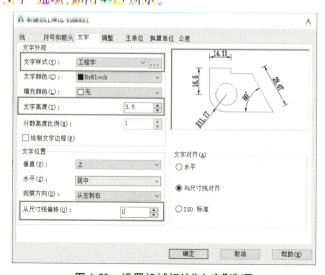

图4-23　设置机械标注"文字"选项

（7）单击"调整"选项卡,按要求在"调整选项"下选择"文字或箭头（最佳效果）",如图 4-24 所示。

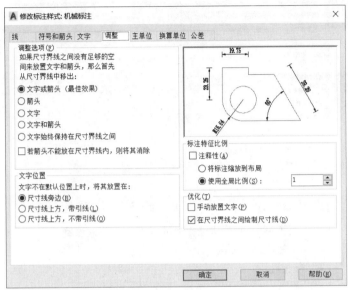

图 4-24 设置机械标注"调整"选项

（8）单击"主单位"选项卡,按要求设置各项参数,如图 4-25 所示。

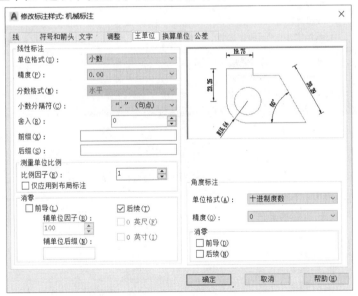

图 4-25 设置机械标注"主单位"选项

（9）单击"确定"按钮,返回到主对话框,新标注样式显示在"样式"列表中,完成父样式的创建。

第 2 步:创建"角度"子样式,如图 4-26 所示。

第 3 步:创建"半径"子样式,如图 4-27 所示。

第 4 步:创建"直径"子样式,如图 4-28 所示。

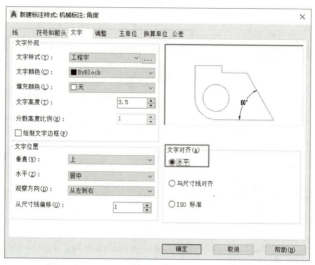

图4-26　创建机械标注:角度标注子样式设置

图4-27　创建机械标注:半径标注子样式设置

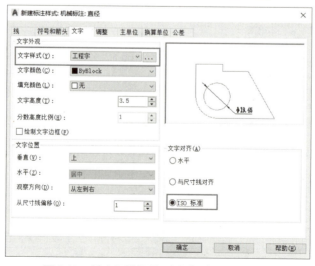

图4-28　创建机械标注:直径标注子样式设置

第 5 步:在"样式"列表中选择"机械标注",单击"置为当前"按钮,将"机械标注"样式置为当前样式,如图 4-29 所示。

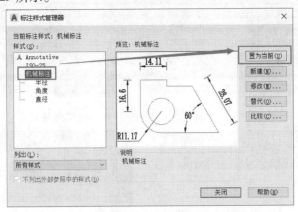

尺寸标注

图 4-29 将"机械标注"设置为当前样式

知识点4 尺寸标注

在创建了尺寸样式后,就可以进行尺寸标注了。为方便操作,在标注尺寸前,应将尺寸标注层置为当前层,并打开自动捕捉功能,再选择合适的标注类型。只需要指定尺寸界线的两点或选择要标注尺寸的对象,再指定尺寸线的位置即可。

调用"标注"命令的方法主要有:

方法1:在功能区单击"默认"选项卡,单击"注释"面板中的各种尺寸标注类型,如图4-30 所示。

图 4-30 "默认"→"注释",选择尺寸类型

方法 2:在功能区单击"注释"→"标注",各种尺寸标注类型如图 4-31 所示。

(1)线性:用来标注两点间的水平、垂直距离,如图 4-32 所示。

(2)对齐:用来标注倾斜直线的长度,如图 4-33 所示。

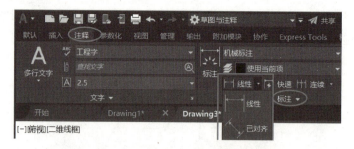

图4-31　"注释"→"标注"→选择尺寸类型

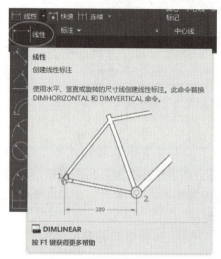

图4-32　线性标注

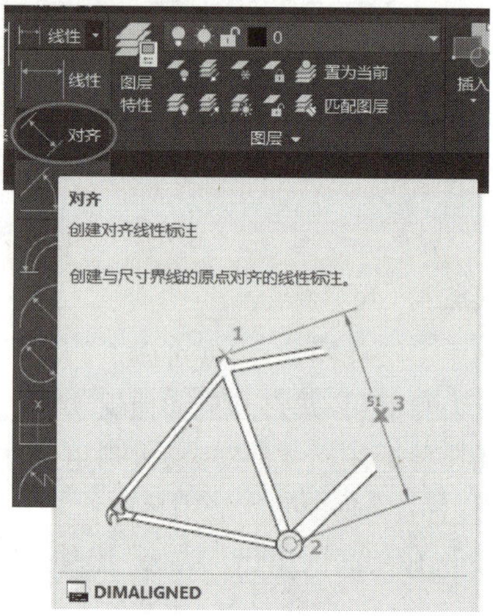

图4-33　对齐标注

（3）角度：可以标注两条非平行直线所夹的角，圆弧的中心角，圆上两点间的中心角及三点确定的角，如图4-34所示。

（4）弧长：标注圆弧的长度，可标注整段弧长，也可选择"部分（P）"选项后指定两点标注部分的弧长；或者选择"引线（L）"选项标注加引线的弧长，如图4-35所示。

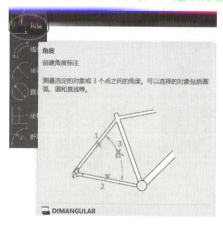

图4-34　角度标注

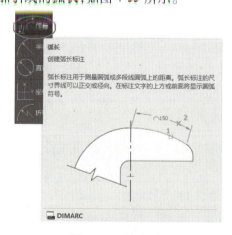

图4-35　弧长标注

（5）半径：标注圆和圆弧的半径，并且自动添加半径符号"R"，如图4-36所示。

（6）直径：标注圆和圆弧的直径，并且自动添加直径符号"Φ"，如图4-37所示。

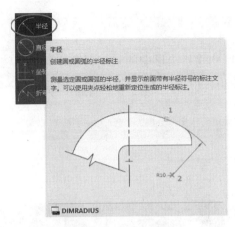

图 4-36　半径标注

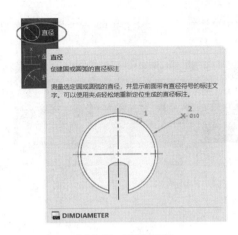

图 4-37　直径标注

（7）坐标：标注选定点相对于原点的坐标，如图 4-38 所示。

（8）折弯：标注折弯形的半径尺寸，用于半径较大，尺寸线不便或无法通过图形实际圆心位置的圆弧或圆的标注，如图 4-39 所示。

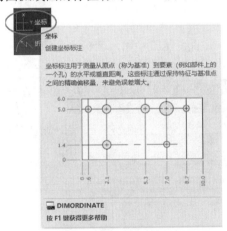

图 4-38　坐标标注

图 4-39　折弯标注

（9）基线：用于标注与前一个或选定标注共用一条尺寸线（作为基线）的一组尺寸线相互平行的线性尺寸或角度尺寸，如图 4-40 所示。

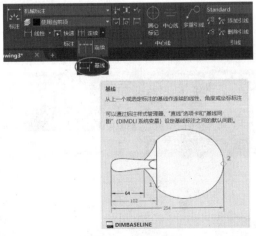

图 4-40　基线标注

（10）连续：用于标注与前一个或选定标注首尾相连的一组线性尺寸或角度尺寸，如图4-41所示。

（11）打断：将选定的标注在其尺寸界线或尺寸线与图形中的几何对象或其他标注相交的位置打断，从而使标注更为清晰，如图4-42所示。可手动也可自动打断一个或多个标注。

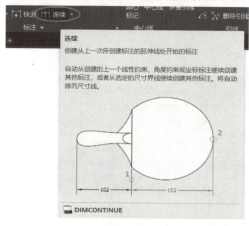

图4-41　连续标注

图4-42　折断标注

（12）调整间距：按指定的间距值自动调整平行的线性尺寸和角度标注之间的间距，如图4-43所示。

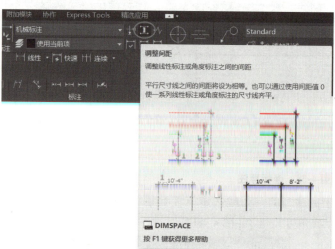

图4-43　调整间距

（13）圆心标记：创建圆或圆弧的圆心标记，如图4-44所示。

图4-44　创建圆心标记

（14）中心线：创建对称图形的中心线，如图4-45所示。

图4-45 创建中心线

（15）折弯标注：在线性或对齐标注上添加或删除折弯线，如图4-46所示。

（16）快速标注：创建一系列基线或连续标注，或者为一系列圆或圆弧创建标注，如图4-47所示。

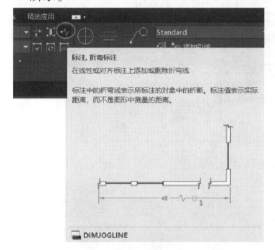

图4-46 折弯线性

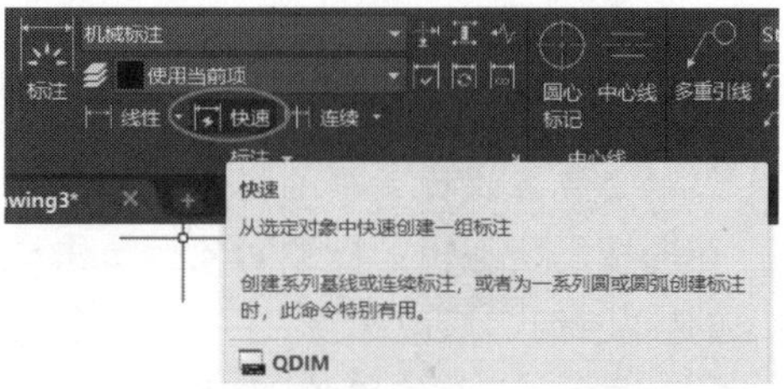

图4-47 快速标注

知识点5 尺寸标注的编辑

1. 编辑尺寸样式

在"标注样式管理器"对话框中通过单击"修改"按钮可以修改当前尺寸样式中的设置，或单击"替代"按钮设置临时的尺寸标注样式，用来替代当前尺寸标注样式的相应设置。

尺寸标注的
编辑

2. 编辑标注

"编辑标注"命令可以修改选定标注的文字内容，能将标注文字按指定角度旋转以及将尺寸界线倾斜指定角度。

调用"编辑标注"命令常用的方法有：

方法1：在功能区单击"注释"选项卡→"标注"面板→"编辑标注"按钮，如图4-48所示。

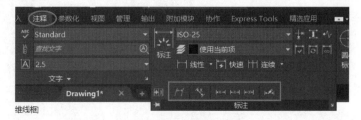

图4-48 "注释"→"标注"→"编辑标注"

方法2:用键盘输入命令"DIMEDIT",再按"Enter"键。

3.编辑标注文字

编辑标注文字可以对文字对象的字体、字号、对齐方式等进行编辑。

调用"编辑标注文字"命令常用的方法有:

方法1:在功能区单击"注释"选项卡,"标注"面板中的选择单击"左对正""居中对正""右对正"按钮。

方法2:用键盘输入命令"DIMEDIT",再按"Enter"键。

4.标注更新

"标注更新"命令可以将图形中已标注的尺寸标注样式更新为当前尺寸标注样式。

调用"标注更新"命令常用的方法有:

方法1:在功能区单击"注释"→"标注"→"更新",如图4-49所示。

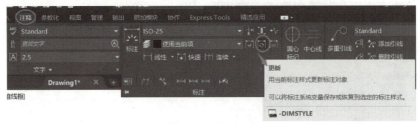

图4-49 标注更新

方法2:用键盘输入命令"DIMSTYLE",再按"Enter"键。

5.利用标注快捷菜单编辑尺寸标注

在选择需要编辑的标注对象后单击鼠标右键,弹出快捷菜单,选择相应选项可更改所选对象的标注样式、修改标注文字的精度以及是否删除样式替代,如图4-50所示。

6.利用对象"快捷特性"选项板与"特性"选项板编辑尺寸标注

在需要编辑的标注对象上单击鼠标右键,选择"快捷特性"(图4-51),可打开"快捷特性"选项板,用户可以查看并修改所选标注的一些常规特性。

图4-50 更改所选对象的标注样式

图4-51 快捷特性

五、创新思维

创新绘制思路及过程

六、拓展提高

绘制如图 4-52 所示的垫片图形。

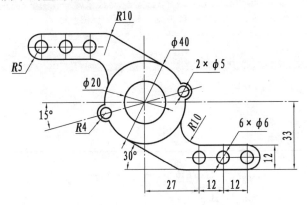

图 4-52　垫片

智能评测结果及问题分析

七、巩固实践

完成如图 4-53—图 4-57 所示的练习。

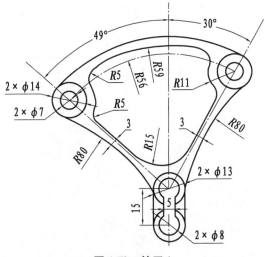

图 4-53　练习 1

智能评测结果及问题分析

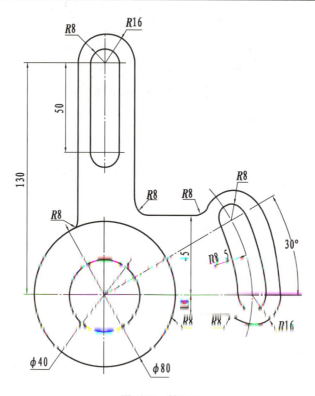

图 4-54 练习 2

智能评测结果及问题分析

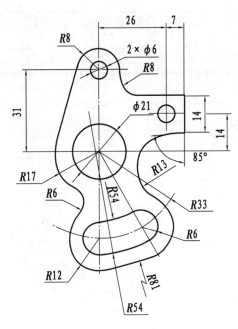

图 4-55　练习 3

智能评测结果及问题分析

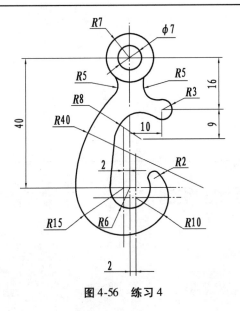

图 4-56　练习 4

智能评测结果及问题分析

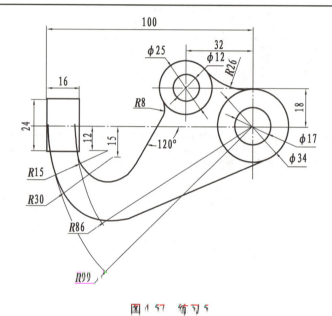

图4-57　练习5

智能评测结果及问题分析

任务5　低速轴零件图的绘制

学习目标

　　1.掌握矩形的绘制；

2.掌握倒直角的使用方法；

3.掌握图案填充及编辑图案填充。

 素养目标

1.培养乐于思考、善于总结的职业素养；

2.培养乐于分享、共同进步的团队精神。

一、学习任务单

任务名称	低速轴零件图的绘制
任务描述	按1∶1绘制如图5-1所示低速轴零件图,标注尺寸 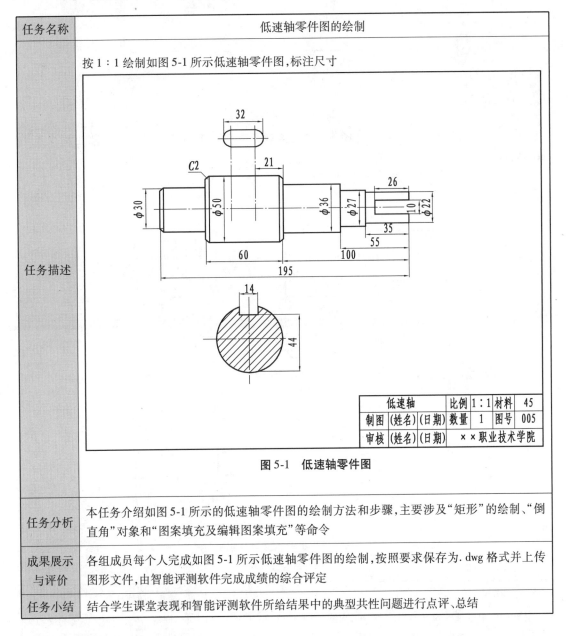 图5-1 低速轴零件图
任务分析	本任务介绍如图5-1所示的低速轴零件图的绘制方法和步骤,主要涉及"矩形"的绘制、"倒直角"对象和"图案填充及编辑图案填充"等命令
成果展示与评价	各组成员每个人完成如图5-1所示低速轴零件图的绘制,按照要求保存为.dwg 格式并上传图形文件,由智能评测软件完成成绩的综合评定
任务小结	结合学生课堂表现和智能评测软件所给结果中的典型共性问题进行点评、总结

二、操作过程

第1步：新建文件，文件名输入"低速轴"，单击"保存"。

第2步：新建"粗实线""点划线""尺寸""剖面线""文字"等多个图层，设置对象捕捉"圆心""端点""交点"，启用"极轴追踪""对象捕捉"，设置绘图环境。

第3步：选择"点划线"图层，绘制中心线，如图5-2所示。

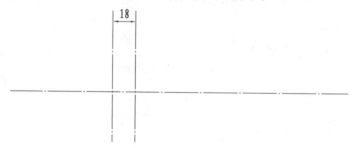

图5-2　绘制中心线

第4步：将左侧中心线向左偏移56，并选择线条切换到粗实线图层，获得低速轴最左端面的线条。

第5步：切换为"粗实线"图层，用"LINE"直线绘制低速轴的外轮廓，如图5-3所示。

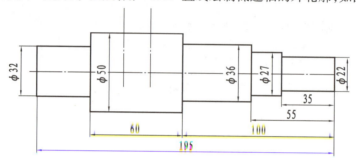

图5-3　低速轴的外轮廓

第6步：绘制 $\phi22$ 处的1个矩形，如图5-4所示。

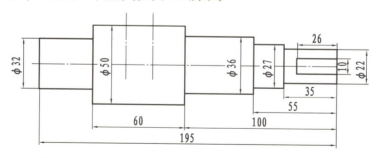

图5-4　绘制 $\phi22$ 处矩形

操作步骤如下：

命令：_rectang	启动"矩形"命令
指定第一个角点或［倒角（C）/标高（E）/圆角（F）/厚度（T）/宽度（W）］：6	用鼠标捕捉右侧边与中心线的交点，向上捕捉移动，输入6，按"Enter"键

续表

指定另一个角点或［面积(A)/尺寸(D)/旋转(R)］：D	单击选择"尺寸(D)"，选择尺寸
指定矩形的长度 <20.0000>：26	输入 26，按"Enter"键
指定矩形的宽度 <16.0000>：12	输入 12，按"Enter"键
指定另一个角点或［面积(A)/尺寸(D)/旋转(R)］：	移动鼠标到左下角，单击确定矩形位置

第 7 步：修剪上一步绘制矩形的右侧边，如图 5-5 所示。

第 8 步：完成键槽外形的绘制，如图 5-6 所示。

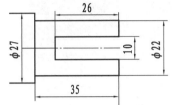

图 5-5　修剪矩形的右侧边　　　　图 5-6　绘制键槽外形

操作步骤如下：

命令：_rectang	启动"矩形"命令
指定第一个角点或［倒角(C)/标高(E)/圆角(F)/厚度(T)/宽度(W)］：7	捕捉左侧中心线的上端点，向左捕捉 7，按"Enter"键
指定另一个角点或［面积(A)/尺寸(D)/旋转(R)］：D 指定矩形的长度 <26.000 0>：32 指定矩形的宽度 <12.000 0>：14 指定另一个角点或［面积(A)/尺寸(D)/旋转(R)］：	绘制长 32，宽 14 的矩形
命令：_fillet 当前设置：模式=修剪，半径=36.000 0 选择第一个对象或［放弃(U)/多段线(P)/半径(R)/修剪(T)/多个(M)］：R 指定圆角半径 <36.000 0>：7	单击启动"圆角"命令，单击选择半径(R)，输入圆半径 7，按"Enter"键
选择第一个对象或［放弃(U)/多段线(P)/半径(R)/修剪(T)/多个(M)］： 选择第二个对象，或按住 Shift 键选择对象以应用角点或［半径(R)］：	单击选择矩形的角的相邻 2 边，即可完成圆角
FILLET 当前设置：模式=修剪，半径=7.000 0 选择第一个对象或［放弃(U)/多段线(P)/半径(R)/修剪(T)/多个(M)］： 选择第二个对象，或按住 Shift 键选择对象以应用角点或［半径(R)］：	按"Enter"键重复"圆角"命令，单击选择矩形的角的相邻 2 边，即可完成圆角，矩形其他角如此重复即可完成键槽外形 4 个 R7 的圆弧绘制

续表

命令：_centermark	切换中心线图层，单击注释面板，单击圆心标记，单击圆弧，自动生成中心线
选择要添加圆心标记的圆或圆弧：	
选择要添加圆心标记的圆或圆弧：	
选择要添加圆心标记的圆或圆弧：	

第9步：绘制键槽的断面图外轮廓，如图5-7所示。

第10步：选择剖面线层，填充断面图案，如图5-8所示。

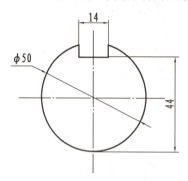

图5-7　绘制键槽的断面图外轮廓

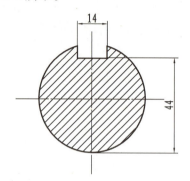

图5-8　填充断面图案

操作步骤如下：

命令：_hatch	启动"图案填充"命令，选择ANSI31 ![ANSI31]图案
选择对象或［拾取内部点(K)/放弃(U)/设置(T)］：_K	单击K选择拾取内部点
拾取内部点或［选择对象(S)/放弃(U)/设置(T)］：正在选择所有对象	单击断面轮廓内部任意点，单击完成，即可生成剖面线
正在选择所有可见对象…	
正在分析所选数据…	
正在分析内部孤岛…	

第11步：完成倒C2的直角，如图5-9所示。

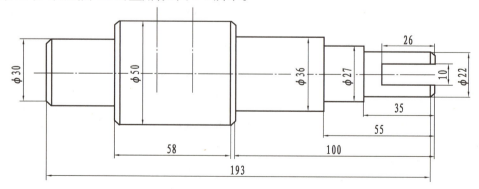

图5-9　完成倒角C2

操作步骤如下:

命令:_chamfer ("修剪"模式) 当前倒角距离 1＝0.000 0,距离 2＝0.000 0	启动"倒角"命令
选择第一条直线或［放弃(U)/多段线(P)/距离(D)/角度(A)/ 修剪(T)/方式(E)/多个(M)］:D	单击选择"距离(D)"
指定 第一个 倒角距离 <0.000 0>:2 指定 第二个 倒角距离 <2.000 0>:	输入倒角距离 2
选择第一条直线或［放弃(U)/多段线(P)/距离(D)/角度(A)/ 修剪(T)/方式(E)/多个(M)］: 选择第二条直线,或按住 Shift 键选择直线以应用角点或［距离 (D)/角度(A)/方法(M)］:	依次单击需要倒角的边,即可完成 倒斜角 C2

第12步:新建机械标注的标注样式,标注低速轴的尺寸,保存图形文件,如图5-10所示。

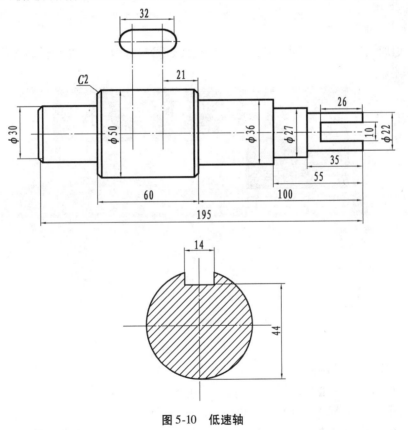

图 5-10   低速轴

三、评测修改

使用智能评测软件对学生的绘图进行检测,记录出现的错误,学生根据评分细则一步步修改、完善图纸,快速提高 CAD 绘图能力。

智能评测结果及问题分析

四、任务依据

矩形的绘制

知识点 1　绘制矩形

利用"矩形"命令,可以绘制不同形式的矩形,如图 5-11 所示。使用该命令绘制的矩形,系统会将其作为 1 个对象来处理。

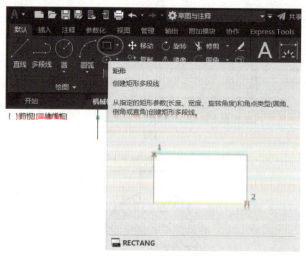

图 5-11　"矩形"命令

调用"矩形"命令常用的方法有:

方法 1:在功能区单击"默认"→"绘图"→"矩形"。

方法 2:用键盘输入"RECTANG",再按"Enter"键。

"矩形"命令从指定的参数(如其对角点、尺寸、面积和角点类型)创建闭合矩形多段线。

1. 指定对角点画矩形

启动"矩形"命令,命令行提示"指定第一个角点或［倒角(C)/标高(E)/圆角(F)/厚度(T)/宽度(W)］:",可以用鼠标指定点或输入确定矩形的一个角点。命令行提示"另一个角点或［面积(A)/尺寸(D)/旋转(R)］:",可以用鼠标指定点或输入确定矩形的另一个角点,完成两个对角点创建矩形,如图 5-12 所示。

2. 倒角矩形

"倒角"命令用于指定两个倒角距离,绘制有倒角的矩形,如图 5-13 所示。

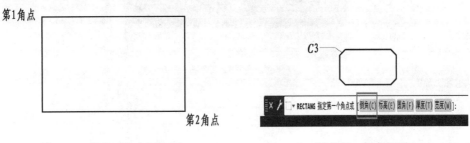

图 5-12　指定对角点画矩形　　　　　　图 5-13　倒角矩形

3. 标高

标高指定矩形的 Z 值,一般用于三维绘图。一般二维图在 xoy 平面上绘制,故标高的默认值为 0。

4. 圆角矩形

"圆角"命令用于指定圆角半径,绘制带有圆角的矩形,如图 5-14 所示。

5. 有厚度的矩形

"厚度"命令用于绘制有厚度的矩形,一般用于三维绘图,指定矩形的边显示为被拉伸的距离。一般默认值为 0。

6. 有线宽的矩形

"宽度"命令用于绘制指定线宽的矩形,如图 5-15 所示。

图 5-14　圆角矩形　　　　　　　图 5-15　有线宽的矩形

注意:

这里的宽度不是矩形宽度而是线的宽度。

7. 面积/尺寸/旋转

面积 A:使用面积与长度或宽度创建矩形。如果"倒角"或"圆角"选项被激活,则区域将包括倒角或圆角在矩形角点上产生的效果。

尺寸 D:使用长和宽创建矩形。

旋转 R:按指定的旋转角度创建矩形。

绘制倒角

知识点 2　绘制倒角

"倒角"命令是用一条斜线连接两条不平行的直线对象,如图 5-16 所示。

调用"倒角"命令的常用方法有:

方法 1:在功能区单击"默认"→"修改"→"倒角"。

方法 2:用键盘输入"CHAMFER"或"CHA",再按"Enter"键。

有两种"倒角"方式,一种是指定两边距离倒角,另一种是指定距离和角度倒角。

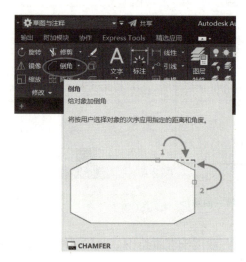

图5-16 "倒角"命令

1. 指定两边距离倒角

指定两边距离倒角可以分别设置两条直线的倒角距离生成倒角,两个倒角距离可以相同也可以不同。

2. 指定距离和角度倒角

指定距离和角度倒角需要设置第一条直线的倒角距离和倒角角度生成倒角,如图5-17所示。

"倒角"命令有修剪和不修剪两种模式,可选择"修剪(T)"来设置是否修剪,如果选择不修剪模式,则倒角时将保留原线段,如图5-18所示。

图5-17 指定距离和角度倒角　　　图5-18 不修剪模式下倒角

在对两条不平行直线作倒角操作时,如果将两个倒角距离设为0,则在"修剪"模式下,两不相交直线将自动延伸这两个对象至交点,如图5-19所示;对两相交直线将自动修剪这两个对象至交点,如图5-20所示。

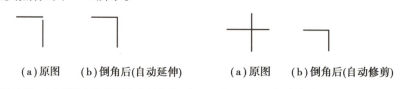

(a)原图　(b)倒角后(自动延伸)　　　(a)原图　(b)倒角后(自动修剪)

图5-19 两不相交直线倒角(距离为0)　图5-20 两相交直线倒角(距离为0)

知识点3　图案填充及编辑图案填充

1. 图案填充

利用"图案填充"命令,可将选定的图案填入指定的封闭区域内,如图5-21所示,在机械制图中经常用于绘制剖面线。该命令可以使用预定义填充图案填

图案填充及
编辑图案填充

充区域、使用当前线型定义简单的线图案,也可以创建更复杂的填充图案。

图 5-21 "图案填充"命令

调用"图案填充"命令常用的方法有:

方法 1:在功能区单击"默认"→"绘图"→"图案填充"。

方法 2:用键盘输入"HATCH"或"H",再按"Enter"键。

执行"图案填充"命令后,将显示如图 5-22 所示的"图案填充创建"选项卡。

图 5-22 "图案填充创建"选项卡

"图案填充创建"选项卡中有"边界""图案""特性""原点""选项""关闭"等 6 个面板。

1)"边界"面板

"边界"面板中有"拾取点"和"选择"两种方式定义填充边界,如图 5-23 所示。

(1)"拾取点"是指定封闭区域中的点,系统根据围绕指定点构成封闭区域的现有对象来确定边界。

(2)"选择边界对象"是指根据构成封闭区域的选定对象确定边界。

2)"图案"面板

"图案"面板可显示所有预定义和自定义图案的预览图像,如图 5-24 所示。

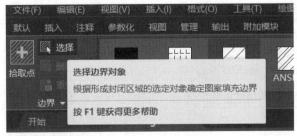

图 5-23 填充"边界"面板

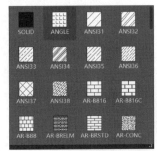

图 5-24 "图案"面板

3)"特性"面板

用户可在此面板指定图案填充的类型、颜色、背景色、透明度、填充角度及间距,如图5-25所示。

4)"原点"面板

"原点"面板控制填充图案生成的起始位置,如图5-26所示。

图5-25 "特性"面板

图5-26 "原点"面板

5)"选项"面板

"选项"面板控制几个常用的图案填充或填充选项,如图5-27所示。

图5-27 "选项"面板

图5-28 孤岛检测方式

"选项"面板中的孤岛检测有3种方式,如图5-28所示。

(1)普通孤岛检测:从外部边界向内隔层填充图案,如图5-29(a)所示。

(2)外部孤岛检测:只在最外层区域内填充图案,如图5-29(b)所示。

(3)忽略孤岛检测:忽略填充边界内部的所有对象(孤岛),最外层从围边界内部全部填充,如图5-29(c)所示。

(a)普通孤岛检测

(b)外部孤岛检测

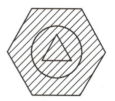

(c)忽略孤岛检测

图5-29 孤岛检测样式

6)"关闭"面板

单击"关闭"可以关闭"图案填充创建"选项卡,也可以按"Enter"键或"Esc"键退出"图案填充"命令。

2.编辑图案填充

创建图案填充后,如需修改填充图案或修改填充边界,可利用"编辑图案填充"命令进行编辑修改,如图 5-30 所示。

图 5-30　"编辑图案填充"命令

调用编辑"图案填充"命令常用的方法有:

方法 1:在功能区单击"默认"→"修改"→"编辑图案填充"。

方法 2:用键盘输入"HATCHEDIT",再按"Enter"键。

执行"编辑图案填充"命令后,单击需修改的填充图案,弹出如图 5-31 所示的"图案填充编辑"对话框,在对话框中可修改"图案""角度""间距"等参数。

图 5-31　"图案填充编辑"对话框

用户也可直接双击需编辑的填充图案,系统将打开"图案填充"编辑器,如图 5-32 所示,在其中可以对填充的图案、比例等内容等进行编辑修改。

图 5-32　"图案填充"编辑器

五、创新思维

<table>
<tr><td>创新绘制思路及过程</td></tr>
<tr><td>

</td></tr>
</table>

六、拓展提高

绘制如图 5-33 所示的图形。

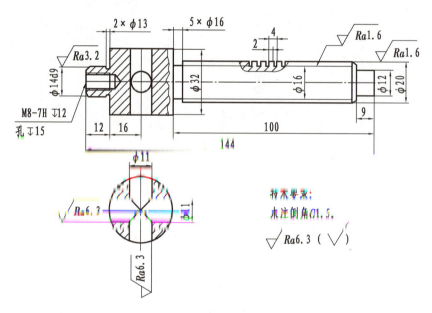

图 5-33　螺杆

<table>
<tr><td>智能评测结果及问题分析</td></tr>
<tr><td>

</td></tr>
</table>

七、巩固实践

完成如图 5-34—图 5-38 所示的练习。

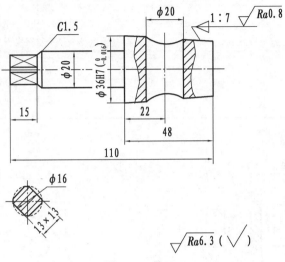

图 5-34　练习 1

智能评测结果及问题分析

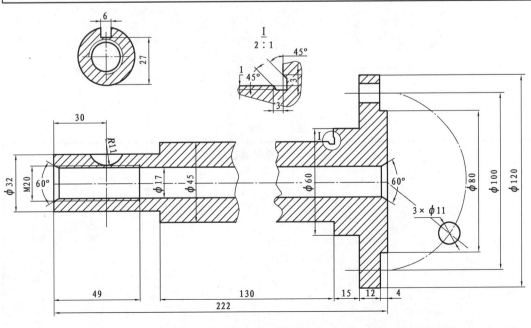

图 5-35　练习 2

智能评测结果及问题分析

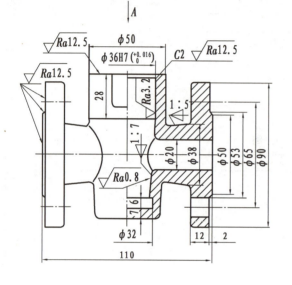

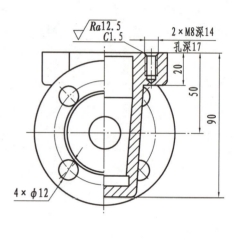

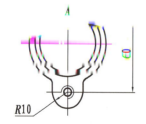

技术要求:
未注圆角R2。

图5-36 练习3

智能评测结果及问题分析

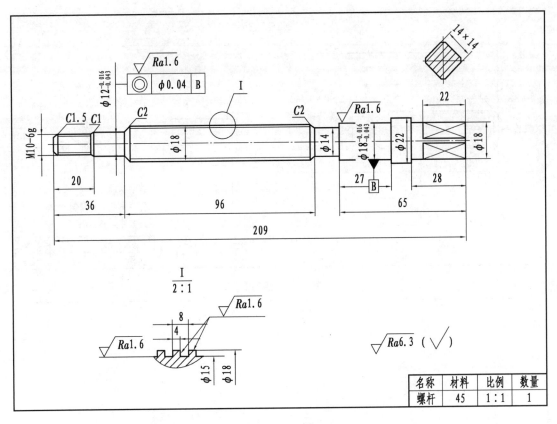

图 5-37 练习 4

智能评测结果及问题分析

名称	材料	比例	数量
螺杆	45	1:1	1

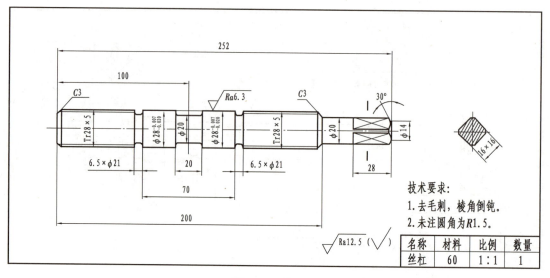

图5-38　练习5

智能评测结果及问题分析

任务6　定位套零件图的绘制

学习目标

1. 掌握椭圆弧、圆环、样条曲线的绘制；
2. 掌握镜像、阵列、移动、延伸、拉长的使用方法；
3. 掌握尺寸公差、形位公差的标注方法。

素养目标

1. 培养勤于探索、勇于实践的创新精神；
2. 培养追求卓越、尽善尽美的工匠精神；
3. 培养互鉴互学、共同努力的团队精神。

一、学习任务单

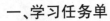

任务名称	定位套零件图的绘制
任务描述	按1:1绘制如图6-1所示定位套零件图的绘制,标注尺寸和公差 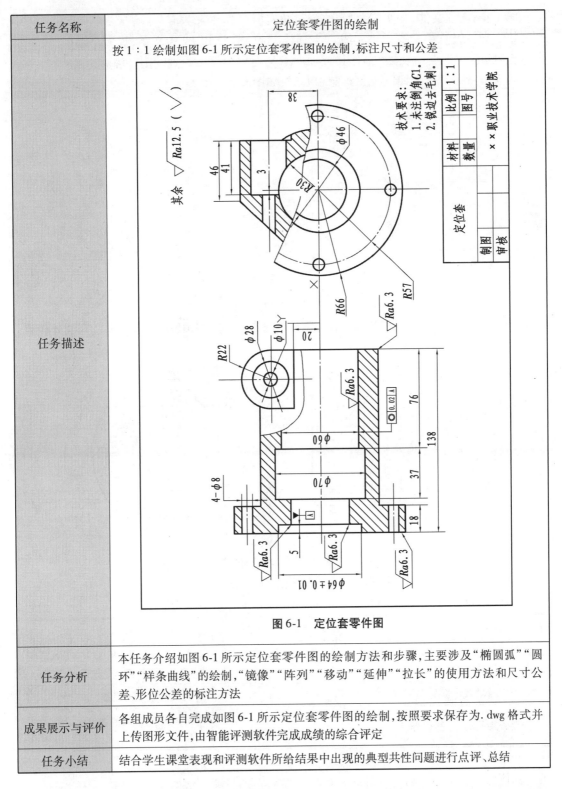 图6-1 定位套零件图
任务分析	本任务介绍如图6-1所示定位套零件图的绘制方法和步骤,主要涉及"椭圆弧""圆环""样条曲线"的绘制,"镜像""阵列""移动""延伸""拉长"的使用方法和尺寸公差、形位公差的标注方法
成果展示与评价	各组成员各自完成如图6-1所示定位套零件图的绘制,按照要求保存为.dwg格式并上传图形文件,由智能评测软件完成成绩的综合评定
任务小结	结合学生课堂表现和评测软件所给结果中出现的典型共性问题进行点评、总结

二、操作过程

第1步:新建文件,文件名为"定位套",单击保存。

第2步:新建"粗实线""细实线""点划线""尺寸""剖面线""文字"等多个图层,设置对象捕捉"圆心""端点""交点",启用"极轴追踪""对象捕捉",设置绘图环境。

第3步:选择"点划线"图层,绘制中心线,如图6-2所示。

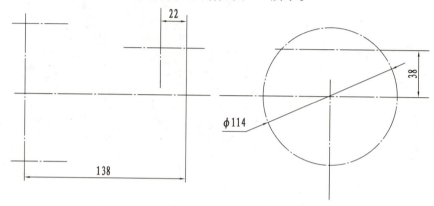

图6-2 绘制中心线

第4步:切换为"粗实线"图层,用"LINE""圆弧"等基本绘图命令绘制定位套的外轮廓,如图6-3所示。

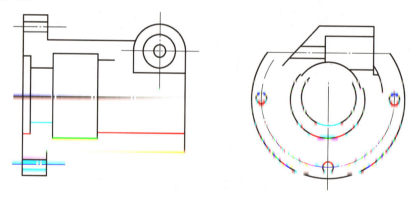

图6-3 低速轴的外轮廓

线条长度不够时,可以用"拉长"命令调整线的长短。

操作步骤如下:

命令:lengthen	启动"拉长"命令
选择要测量的对象或〔增量(DE)/百分比(P)/总计(T)/动态(DY)〕<增量(DE)>:	输入DE或单击DE或按"Enter"键即可选择增量模式,按"Enter"键
输入长度增量或〔角度(A)〕<0>:10	输入10,按"Enter"键
选择要修改的对象或〔放弃(U)〕:	单击需要拉长的直线的一端,即可拉长

如果线太长需要缩短,也可以使用"拉长"命令,增量输入负值,即可缩短。

第 5 步:切换到"细实线"图层,单击"样条曲线"命令,绘制如图 6-4 所示两处波浪线。

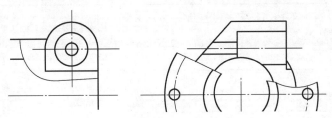

图 6-4　绘制主、左视图波浪线

第 6 步:选择"剖面线"层,选择 45°线作为填充断面图案,完成如图 6-5 所示剖面线的绘制。

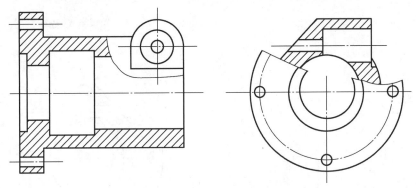

图 6-5　填充剖面图案

第 7 步:切换到"尺寸"图层,新建机械标注的标注样式,单击"注释"面板的各种尺寸标注命令,完成如图 6-6 所示定位套的尺寸标注。

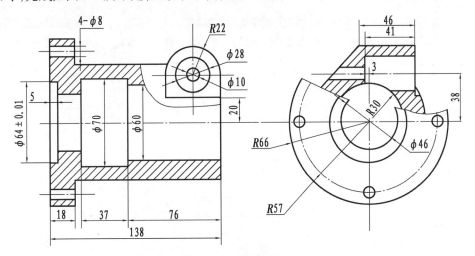

图 6-6　标注定位套尺寸

标注有公差要求的尺寸 $\phi 64 \pm 0.01$,操作步骤如下:

命令:dimlinear	启动"标注"命令
指定第一个尺寸界线原点或 <选择对象>: 指定第二条尺寸界线原点:	用鼠标单击选择需要标注尺寸的两条线的端点

续表

指定尺寸线位置或[多行文字(M)/文字(T)/角度(A)/水平(H)/垂直(V)/旋转(R)]:t	用键盘输入 T,按"Enter"键
输入标注文字 <64>: %%c64%%p 0.01	输入%%c64%%p 0.01,按"Enter"键
指定尺寸线位置或[多行文字(M)/文字(T)/角度(A)/水平(H)/垂直(V)/旋转(R)]:	移动鼠标到合适位置单击放置尺寸,即可完成

第 8 步:绘制表面粗糙度符号 $\sqrt{Ra6.3}$,$\sqrt{Ra12.5}$($\sqrt{}$)完成表面粗糙度的标注,如图6-7 所示。

其余 $\sqrt{Ra12.5}$($\sqrt{}$)

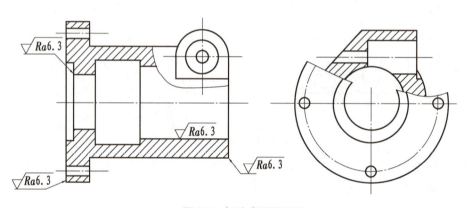

图 6-7 标注表面粗糙度

第 9 步:绘制标注基准符号,再单击"注释"选项卡下"标注"面板中的"公差"命令,标注同轴度公差,如图6-8 所示。

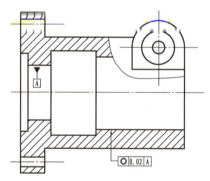

图 6-8 标注公差

第 10 步:撰写技术要求,保存图形文件,如图6-9 所示。

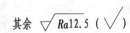

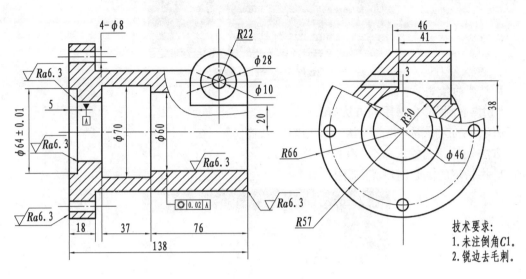

图6-9 定位套

三、评测修改

使用智能评测软件对学生的绘图进行检测,记录出现的错误,学生根据评分细则一步步修改、完善图纸,快速提高 CAD 绘图能力。

智能评测结果及问题分析

四、任务依据

知识点1 椭圆弧、圆环的绘制

利用"椭圆"命令可以绘制椭圆和椭圆弧。系统提供了 2 种绘制"椭圆"的方法,1 种绘制"椭圆弧"的方法,如图 6-10 所示。

椭圆弧、圆环的绘制

图 6-10　"椭圆"命令

1. 椭圆的绘制

调用"椭圆"命令常用的方法有：

方法 1：在功能区单击"默认"→"绘图"→"椭圆"。

方法 2：用键盘输入命令"ELLIPSE"或"EL"。

1）用指定的圆心创建椭圆（图 6-11）

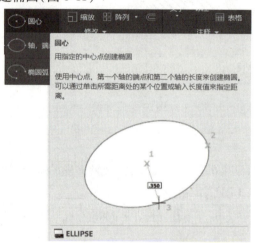

图 6-11　圆心创建椭圆

利用圆心创建椭圆的方法绘制长半轴为 30、短半轴为 10 的椭圆，如图 6-12 所示。

命令：ellipse	启动圆心创建"椭圆"命令
指定椭圆的中心点：	鼠标单击选择椭圆圆心
指定轴的端点：30	键盘输入椭圆长半轴 30，按"Enter"键
指定另一条半轴长度或［旋转(R)］：10	键盘输入椭圆短半轴 10，按"Enter"键

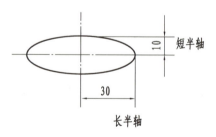

图 6-12　指定中心点和半轴长绘制椭圆

2）用轴、端点创建椭圆

用轴、端点创建椭圆，绘制长轴为 40、短轴为 20 的椭圆，如图 6-13 所示。

命令:ellipse	启动圆心创建"椭圆"命令
指定椭圆的轴端点或［圆弧(A)/中心点(C)］:	鼠标单击选择椭圆的长轴端点
指定轴的另一个端点:40	键盘输入椭圆长轴40,按"Enter"键
指定另一条半轴长度或［旋转(R)］:10	键盘输入椭圆短轴10,按"Enter"键

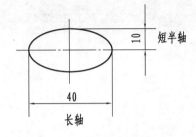

图 6-13　用轴、端点绘制椭圆

2.椭圆弧的绘制

"椭圆弧"命令如图 6-14 所示,椭圆弧的绘制和椭圆的绘制类似,只需要最后指定椭圆弧的起始角度与端点角度。

3.圆环的绘制

利用"圆环"命令,可绘制圆环或实心圆,如图 6-15 所示。

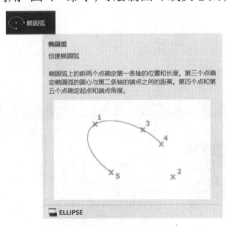

图 6-14　"椭圆弧"命令

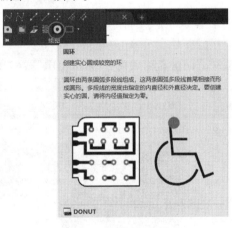

图 6-15　"圆环"命令

调用"圆环"命令常用的方法有:

方法 1:在功能区单击"默认"→"绘图"→"圆环"。

方法 2:用键盘输入命令"DONUT"或"DO"。

按照系统提示输入圆环内径、外径的大小,指定圆环放置位置,即可完成圆环的绘制,如图 6-16 所示。

（a）内径=12,外径=30　　　　（b）内径=0,外径=20

图 6-16　绘制圆环

知识点2　镜像、阵列

镜像、阵列

1. 镜像

镜像可以将选中的对象沿一条指定的直线进行对称复制,源对象可删除也可以不删除。"镜像"命令如图6-17所示。

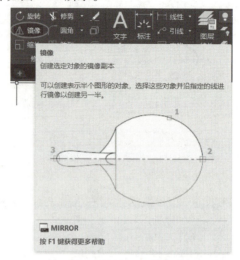

图6-17　"镜像"命令

调用"镜像"命令的方法如下:

方法1:在功能区单击"默认"→"修改"→"镜像",如图6-18所示。

方法2:用键盘输入命令"MIRROR"或"MI"。

2. 阵列

阵列可以将指定对象以矩形、环形或沿线性排列方式进行复制。阵列有"矩形阵列""环形阵列"和"路径阵列"3种方式,如图6-19所示。

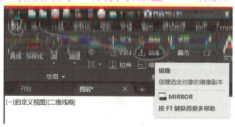

图6-18　调用"镜像"命令

图6-19　"阵列"命令

调用"阵列"命令的方法如下:

方法1:在功能区单击"默认"选项卡→"修改"面板→"阵列",如图6-20所示。

图6-20　调用"阵列"命令

方法2:键盘输入命令"ARRAY"。

1）矩形阵列

矩形阵列能将选定的对象按指定的行数和行间距、列数和列间距作矩形排列复制,阵列项目可以是二维对象,也可是三维对象,如图6-21所示。

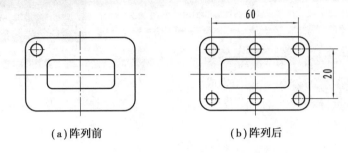

(a)阵列前　　　　　　　(b)阵列后

图6-21　矩形阵列

2）环形阵列

环形阵列能将选定的对象绕一个中心点或旋转轴作圆形或扇形排列复制,阵列项目可以是二维对象,也可是三维对象,如图6-22所示。

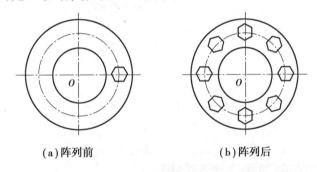

(a)阵列前　　　　　　　(b)阵列后

图6-22　环形阵列

3）路径阵列

路径阵列能将阵列对象以定数等分或定距等分的方法沿路径或部分路径均匀分布复制,如图6-23所示。

(a)阵列前　　　(b)阵列后(定数等分方式)　　　(c)阵列后(定距等分方式)

图6-23　路径阵列

知识点3　样条曲线的绘制

样条曲线的
绘制

样条曲线是经过或接近一系列给定点的光滑曲线,样条曲线通过首末两点,其形状受拟合点控制,但并不一定通过中间点,如图6-24所示。

调用"样条曲线"命令的方法如下:

方法1:在功能区单击"默认"→"绘图"→"样条曲线拟合"按钮或"样条曲线控制点"按钮,如图6-25所示。

图 6-24 "样条曲线"命令   图 6-25 调用"样条曲线"命令

方法 2：用键盘输入命令"SPLINE"或"SPL"。

如图 6-26 所示样条曲线有"样条曲线拟合""样条曲线控制点"两种方式，如图 6-26 所示。

(a)样条曲线拟合   (b)样条曲线控制点

图 6-26 绘制样条曲线的方式

注意：在机械制图中通常采用"样条曲线拟合"命令绘制波浪线。

知识点 4 移动、延伸对象

1. 移动对象

"移动"命令可以将选中的对象移到指定的位置，如图 6-27 所示。

调用"移动"命令的方法如下：

方法 1：在功能区单击"默认"→"修改"→"移动"，如图 6-28 所示。

移动、延伸
对象

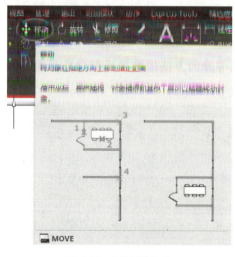

图 6-27 "移动"命令   图 6-28 调用"移动"命令

方法 2：用键盘输入命令"MOVE"或"M"。

移动对象有两种方式：一种是指定两点移动方式；另一种是指定位移移动方式。

1）指定两点移动方式

该方式是先指定基点，随后指定第二点，以输入的两个点来确定移动的方向和距离，如图 6-29 所示。

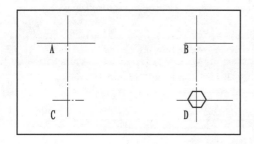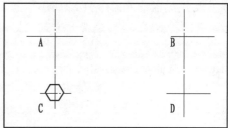

图 6-29　指定两点移动对象

2）指定位移移动方式

该方式是直接输入被移动对象的位移（即相对距离），如图 6-30 所示。

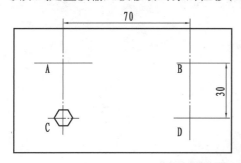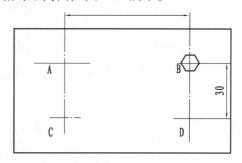

图 6-30　指定位移移动对象

"移动"命令和"复制"命令的操作非常相似，区别是原位置的源对象是否保留。

注意：

　　系统默认为相对坐标的形式，可直接输入相对坐标值，而不用加"@"标记。

2. 延伸对象

"延伸"命令可以将指定的对象延伸到选定的边界，如图 6-31 所示。

调用"延伸"命令的方法如下：

方法 1：在功能区单击"默认"→"修改"→"延伸"，如图 6-32 所示。

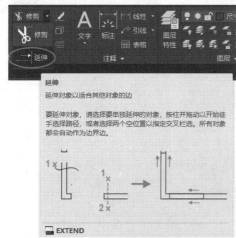

图 6-31　"延伸"命令

图 6-32　调用"延伸"命令

方法2:用键盘输入命令"EXTEND"或"EX"。

延伸有两种方式:一种是普通方式,另一种是延伸模式。

1)普通方式

当边界与延伸对象实际相交时,可以采用普通方式延伸,如图6-33所示。

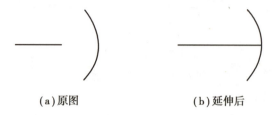

(a)原图   (b)延伸后

图6-33   普通方式延伸对象

2)延伸模式

当边界与延伸对象不相交时,可以采用延伸模式延伸,如图6-34所示。通常情况下,延伸模式里用"快速延伸"操作更多。

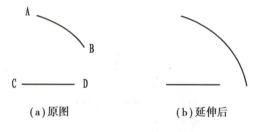

(a)原图   (b)延伸后

图6-34   延伸模式延伸对象

注意:

执行"延伸"命令时,按住"Shift"键并选择要修剪的对象也可以实现修剪。

执行"修剪"命令时,按住"Shift"键并选择要延伸的对象也可以实现延伸。

知识点5   拉长对象

"拉长"命令可以拉长或缩短直线、圆弧的长度,如图6-35所示。

拉长对象

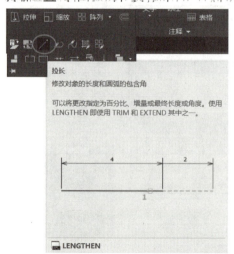

图6-35   "拉长"命令

调用"拉长"命令的方法如下：

方法1：在功能区单击"默认"→"修改"→"拉长"，如图6-36所示。

方法2：用键盘输入命令"LENGTHEN"或"LEN"。

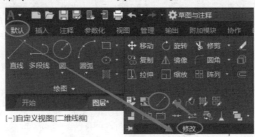

图6-36　调用"拉长"命令

拉长对象有增量、百分数、全部、动态4种方式。

1）指定增量拉长或缩短对象

通过输入长度增量拉长或缩短对象，也可以通过输入角度增量拉长或缩短圆弧。

注意：

　输入正值为拉长，输入负值为缩短。

2）指定百分数拉长或缩短对象

此方式通过指定对象总长度的百分数改变对象长度。

注意：

　输入值大于100为拉长所选对象，输入值小于100为缩短所选对象。

3）全部拉长或缩短对象

此方式通过指定对象的总长度来改变选定对象的长度。

4）动态拉长或缩短对象

此方式通过拖动选定对象的端点来改变其长度。

尺寸公差、形位公差的标注

知识点6　尺寸公差、形位公差的标注

1.尺寸公差的标注

AutoCAD提供了多种尺寸公差的标注方法，此处介绍常用的3种方法。

（1）多行文字堆叠直接标注尺寸公差：单击多行文字堆叠即可标注尺寸公差，如图6-37所示。

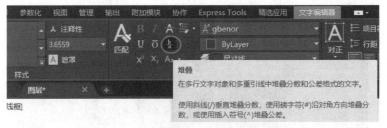

图6-37　多行文字堆叠直接标注尺寸公差

（2）"样式替代"标注尺寸公差：可以创建一个有公差的样式，然后进行尺寸标注。不同的公差要新建不同的样式，如图6-38所示。

图 6-38 "样式替代"标注尺寸公差

（3）对象尺寸"特性"选项板编辑尺寸公差：打开对象"特性"选项板，编辑公差，如图6-39所示。

2. 形位公差的标注

利用"公差"命令可绘制形位公差特征控制框，标注形位公差，如图6-40所示。

图 6-39 对象尺寸"特性"选项板   **图 6-40 "公差"命令**

调用"公差"命令的方法如下：

方法1：在功能区单击"注释"→"标注"→"公差"，如图6-41所示。

方法2：用键盘输入命令"TOLERANCE"。

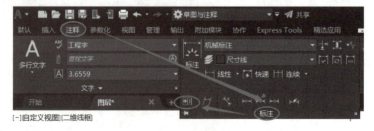

图 6-41 调用"公差"命令

调用形位公差，弹出如图6-42所示"形位公差"对话框，在该对话框中按照如图6-43所示设置填写形位公差的特性。

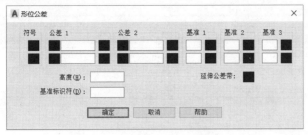

图 6-42　"形位公差"对话框

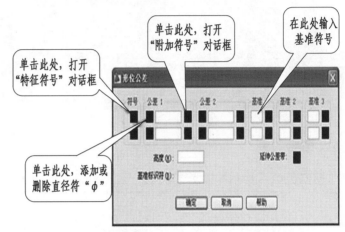

图 6-43　"形位公差"填写要点

利用"公差"标注命令只能绘制形位公差特征控制框,需要用户补绘指引线,应采用如图 6-44 所示"多重引线"标注命令。

调用"多重引线"命令的方法如下:

方法 1:在功能区单击"默认"→"注释"→"引线",如图 6-45 所示。

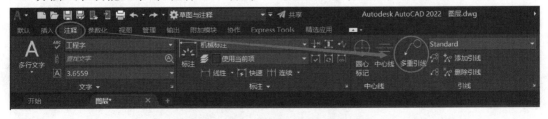

图 6-44　"多重引线"命令　　　　　　图 6-45　"默认"选项卡调用"引线"

方法 2:在功能区单击"注释"→"引线"→"多重引线",如图 6-46 所示。

图 6-46　"注释"选项卡调用"多重引线"

方法 3:用键盘输入命令"MLEADER"。

以上方法均可以绘制引线,标注公差。

五、创新思维

<table>
<tr><td>创新绘制思路及过程</td></tr>
<tr><td>

</td></tr>
</table>

六、拓展提高

绘制如图 6-47 所示的图形。

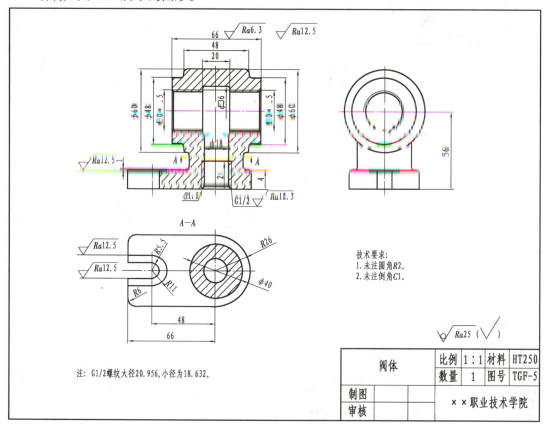

注: G1/2螺纹大径20.956,小径为18.632。

技术要求:
1. 未注圆角R2。
2. 未注倒角C1。

<table>
<tr><td rowspan="2">阀体</td><td>比例</td><td>1:1</td><td>材料</td><td>HT250</td></tr>
<tr><td>数量</td><td>1</td><td>图号</td><td>TGF-5</td></tr>
<tr><td>制图</td><td></td><td colspan="3" rowspan="2">××职业技术学院</td></tr>
<tr><td>审核</td><td></td></tr>
</table>

图 6-47   溢流阀阀体

智能评测结果及问题分析

七、巩固实践

完成如图 6-48—图 6-52 所示的绘图练习。

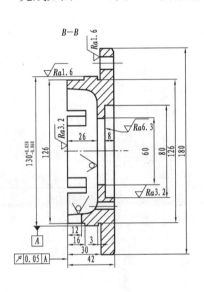

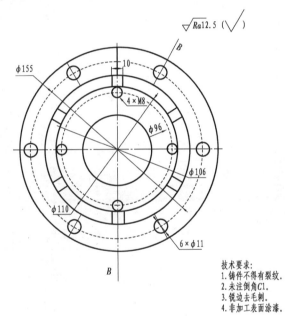

技术要求:
1. 铸件不得有裂纹。
2. 未注倒角C1。
3. 锐边去毛刺。
4. 非加工表面涂漆。

图 6-48 练习 1

智能评测结果及问题分析

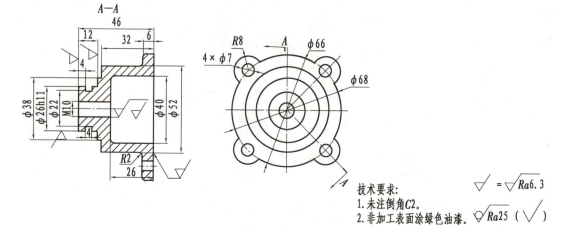

图 6-49　练习 2

智能评测结果及问题分析

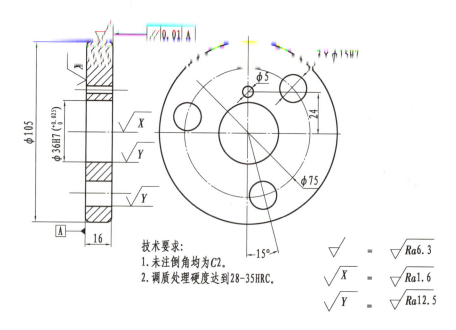

技术要求:
1. 未注倒角均为C2。
2. 调质处理硬度达到28-35HRC。

$$\sqrt{} = \sqrt{Ra6.3}$$

$$\sqrt{X} = \sqrt{Ra1.6}$$

$$\sqrt{Y} = \sqrt{Ra12.5}$$

图 6-50　练习 3

智能评测结果及问题分析

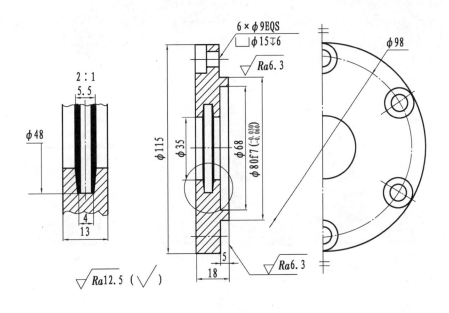

图 6-51　练习 4

智能评测结果及问题分析

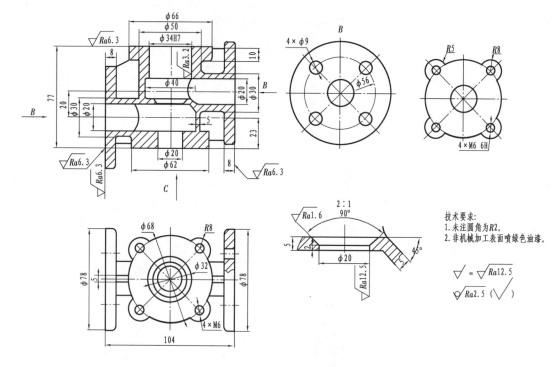

技术要求:
1.未注圆角为R2。
2.非机械加工表面喷绿色油漆。

图 6-52　练习 5

智能评测结果及问题分析

项目二

绘制装配图 ⦁⦁⦁⦁⦁⦁⦁⦁⦁⦁⦁⦁⦁⦁⦁⦁⦁⦁⦁⦁⦁⦁⦁⦁⦁⦁⦁⦁⦁⦁⦁⦁⦁⦁⦁⦁⦁⦁ ◎

任务7　螺栓连接装配图的绘制

 学习目标

1.掌握装配图的绘制方法和绘制思路;

2.掌握表格的绘制和填写;

3.掌握文字样式的创建和调用;

4.掌握内部块的创建和调用;

5.掌握多重引线标注样式,能正确标注零部件序号。

拓展资源:普通
螺栓连接画法

 素养目标

1.培养精益求精、力求完美的工匠精神;

2.培养虚心请教、取长补短的职业素养;

3.培养群策群力、集思广益的团队精神。

一、学习任务单

任务名称	螺栓连接装配图的绘制
任务描述	采用近似画法绘制螺栓连接装配图,如图7-1所示。 要求:选用 A4 图幅(竖放),绘图比例 1∶1,标注零部件序号,填写明细栏,不标注尺寸
任务分析	使用 AutoCAD 绘制装配图,可采用如下 3 种方法:①采用绘图指令,直接绘制装配图;②用块插入法绘制装配图;③用"复制选择—粘贴"法绘制装配图。 其中,方法①直接在绘图区域绘制图线,一步一步完成装配图,当装配图较复杂时并不适用;方法②③都是首先绘制出单个零件的视图,然后再进行拼装,适用性更强。 本任务选用方法②绘制螺栓连接装配图
成果展示与评价	各组成员各自完成如图7-1所示螺栓连接装配图的绘制,按照要求保存为.dwg 格式并上传图形文件,由智能评测软件完成成绩的综合评定
任务小结	结合学生课堂表现和测评软件所给结果中的典型共性问题进行点评、总结

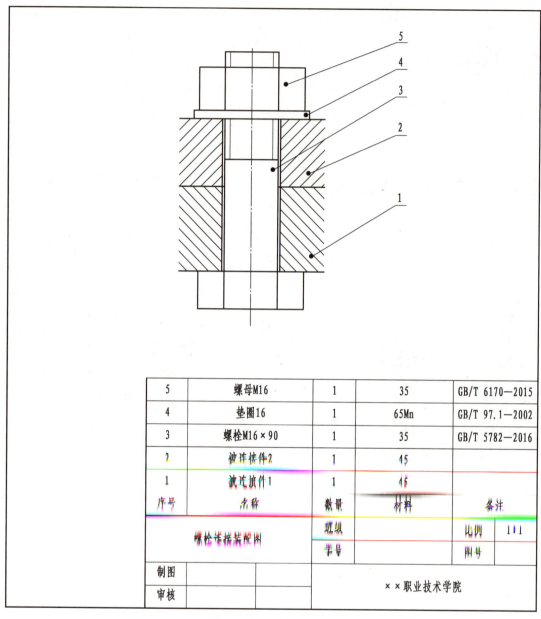

图 7-1 螺栓连接装配图

5	螺母M16	1	35	GB/T 6170—2015
4	垫圈16	1	65Mn	GB/T 97.1—2002
3	螺栓M16×90	1	35	GB/T 5782—2016
2	被连接件2	1	45	
1	被连接件1	1	45	
序号	名称	数量	材料	备注

螺栓连接装配图		班级		比例	1:1
		学号		图号	
制图		××职业技术学院			
审核					

二、操作过程

第 1 步：新建文件，文件名为"螺栓连接装配图"，并进行保存。

第 2 步：新建图层，设置绘图环境。

第 3 步：绘制 A4 幅面（尺寸 210 mm×297 mm），按不留装订边格式绘制图框、标题栏、明细栏。

第 4 步：创建两种文字样式，命名为"汉字3.5""汉字5"，并填入表格，如图 7-2、图 7-3 所示（具体操作步骤可参考本任务知识点 2、知识点 3）。

设置图层

绘制图纸幅面与图框

绘制标题栏

绘制明细栏

创建文字样式

第 5 步:用块插入法装配零件。

序号	名称	数量	材料	备注	

序号	名称	数量	材料	备注	
螺栓连接装配图		班级		比例	1:1
		学号		图号	
制图			××职业技术学院		
审核					

图 7-2　图框、标题栏、明细栏

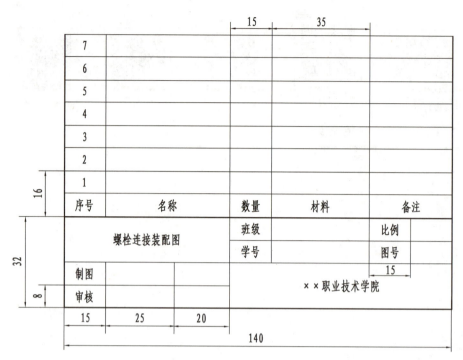

图7-3　标题栏、明细栏尺寸

1）绘制零件1—5的零件图视图

根据装配图中的标准件规定标记，采用比例画法，取 $d=16$ mm，绘制被连接件1、被连接件2、螺栓、垫圈、螺母的零件图视图，不需要标注尺寸，尺寸如图7-4—图7-8所示。具体绘图步骤此处不再赘述。

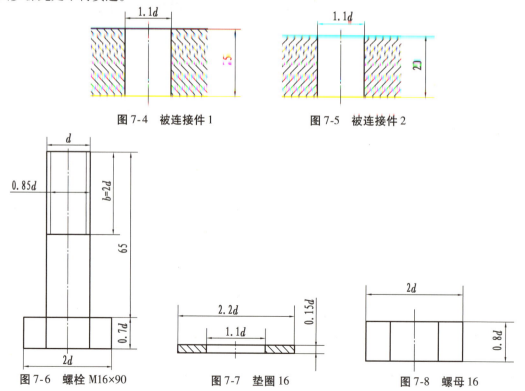

图7-4　被连接件1　　　　图7-5　被连接件2

图7-6　螺栓 M16×90　　　　图7-7　垫圈16　　　　图7-8　螺母16

2）制作图块

具体的操作步骤参考本任务知识点 5,将需要装配的 5 个零件分别制作成图块,对应的基准点如图 7-9 所示。

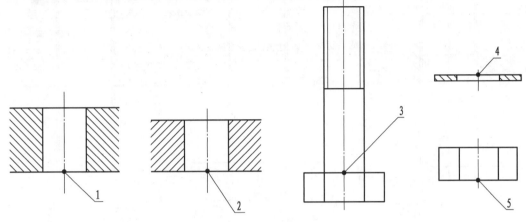

图 7-9　零件基准点

3）依次装配零件 1—5

（1）装配被连接件 1:在"插入"菜单栏,执行"插入"→"块"命令,选择"被连接件 1",在图纸的合适区域放置图块。

（2）装配被连接件 2:执行"插入"→"块"命令,选择"被连接件 2",装配到"被连接件 1"的上方。

AuotCAD图块

制作图块

（3）装配螺栓:执行"插入"→"块"命令,选择螺栓,装配到正确位置,如图7-10 所示。

处理被遮挡的线:插入螺栓后,会遮挡被连接件 1 和被连接件 2 上的图线,此时,要将不可见图线修剪掉。选择被连接件 1、被连接件 2,执行修改工具栏"分解"命令,将被连接件 1 和被连接件 2 分解成单条线,以便进行修剪。执行"修剪"命令,剪去多余图线,修剪完成后如图 7-11 所示。

依次装配零件
1—5

提示:

　　被连接件 1 和被连接件 2 都是图块,其零件的线条组合成了一个复合对象。复合对象的部件无法单独修改,所以,此时执行"修剪"是无效的;如果需要进一步操作,需要把图块进行分解:单击鼠标左键,选中需要分解的图块,打开"默认"工具栏,执行"修改"工具栏里的"分解"命令,即可把复合对象分解成部件对象进行单独操作。

（4）装配垫圈:执行"插入"→"块"命令,选择垫圈,装配到正确位置,如图 7-12 所示。然后,选中螺栓,执行"分解"命令,再执行"修剪"命令,剪去螺栓被垫圈遮挡的图线,完成后如图 7-13 所示。

（5）装配螺母:执行"插入"→"块"命令,选择螺母,装配到正确位置,如图 7-14 所示。然后,执行"修剪"命令,剪去螺栓被螺母遮挡的图线,完成后如图 7-15 所示。

这样,就完成了零件 1—5 的装配。

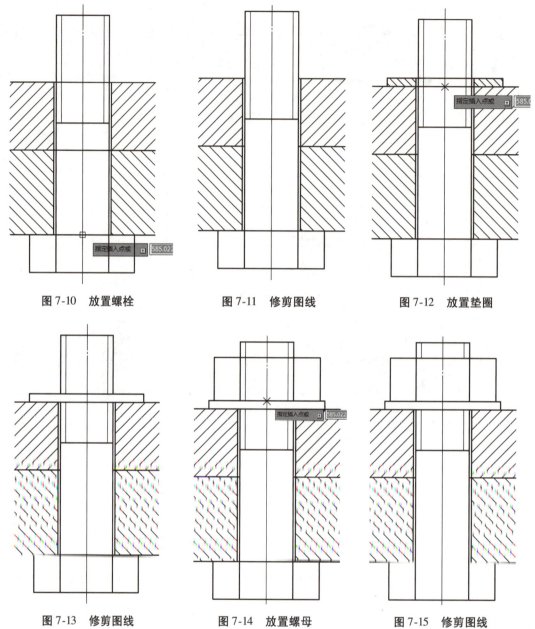

图 7-10　放置螺栓　　　　图 7-11　修剪图线　　　　图 7-12　放置垫圈

图 7-13　修剪图线　　　　图 7-14　放置螺母　　　　图 7-15　修剪图线

第 6 步:标注零部件序号。

创建名为"零部件编号"的多重引线样式,具体操作参考本任务知识点 6 中的"2. 多重引线样式的创建"。

将"尺寸标注"层置为当前层,执行"标注"→"多重引线"命令,或者,在注释功能区执行"多重引线"命令。标注零件编号 1、2、3、4、5。编号从下向上,排列整齐,间距尽可能相同。完成后如图 7-16 所示。

第 7 步:完整填写标题栏、明细栏。

将"细实线"层置为当前图层,完成后如图 7-1 所示。

多重引线样式
的创建与调用

标注零部件
序号

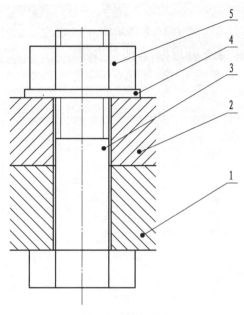

图 7-16 标注零部件序号

提示：

可以采用"多行文字"命令逐个填写，填写方法与前面的操作相同；也可以采用"复制选择"命令，进行快速填写。

三、评测修改

使用智能评测软件对学生的绘图进行检测，记录出现的错误，学生根据评分细则一步步修改、完善图纸，快速提高 CAD 绘图能力。

智能评测结果

四、任务依据

知识点 1 绘制表格

1. 绘制 A4 图幅的外边框、图框

设置"细实线"层为当前图层，单击绘图工具栏中的"矩形"按钮，或者在命令输入栏中输入"RECTANG",输入矩形起点坐标"0,0",输入矩形终点坐标"@210,297",单击"Enter"键确认,按"Esc"键退出,完成后如图 7-17 所示。执行修改工具栏"偏移"命令,输入"10",按"Enter"键确认,选择刚绘制的外边框,在边框内部单击鼠标左键,得到与其相距 10 的图框。选中图框,将其放置到"粗实线"层,完成后如图 7-18 所示。

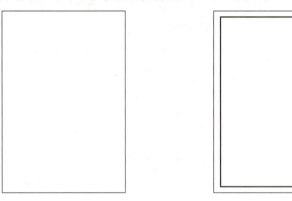

图 7-17　绘制 A4 图幅　　　　图 7-18　绘制 A4 图纸图框线(无装订边)

2. 绘制标题栏

设置"粗实线"层为当前图层,绘制标题栏外边框;设置"细实线"层为当前图层,绘制标题栏内边框,标题栏尺寸如图 7-19 所示,设置"文字"层为当前图层,填写标题栏。标题栏可采用"偏移""修剪"命令进行绘制。

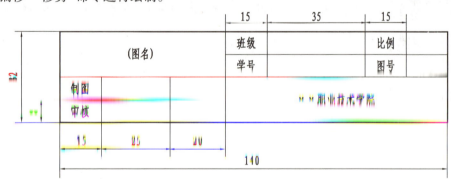

图 7-19　标题栏

3. 绘制明细栏

在标题栏上方,使用"偏移""修剪"命令,绘制明细栏,明细栏的尺寸如图 7-20 所示。

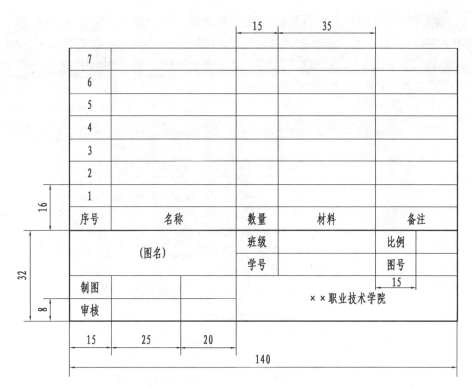

图 7-20　标题栏、明细栏尺寸

知识点 2　创建文字样式

调用创建文字样式的方法,比较常用的有这样两种。第一,通过菜单栏的"格式"→"文字样式"调用,如图 7-21 所示;第二,通过功能区的注释工具栏调用,如图 7-22 所示。

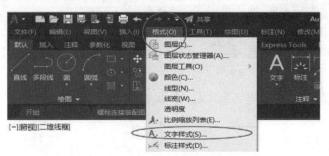

图 7-21　通过菜单栏调用"文字样式"

图 7-22　通过功能区的注释工具栏调用"文字样式"

选择"格式"→"文字样式",打开文字样式对话框,单击"新建"按钮,弹出如图 7-23 所示"新建文字样式"对话框。修改样式名为"汉字 3.5",单击"确定";如图 7-24 所示,设置高度为"3.5000",宽度因子为"0.7000",单击"置为当前"按钮,单击"应用"按钮→"关闭"按钮,即完成了名为"汉字 3.5"的文字样式的创建。

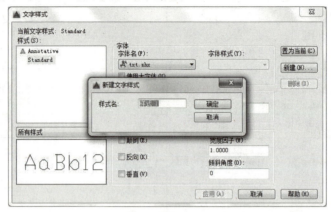

图 7-23　新建文字样式

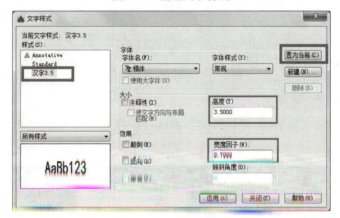

图 7-24　创建"汉字 3.5"文字样式

采用同样的操作步骤,创建名为"汉字 5"的文字样式,参数设置如图 7-25 所示。

图 7-25　创建"汉字 5"文字样式

知识点3 多行文字的注写与编辑

将细实线图层置为当前,在注释工具栏,把创建好的文字样式"汉字5"置为当前,如图 7-26 所示。

图7-26 选择"汉字5"文字样式为当前文字

单击"多行文字"命令,依次单击需要填充的单元格的左下角点、右上角点,设置多行文字的对正模式为"正中",输入图纸名称为"螺栓连接装配图",然后在空白绘图区单击鼠标左键即可。

采用同样的方法,填写标题栏、明细栏相应内容,如图 7-27 所示。

序号	名称	数量	材料	备注	
螺栓连接装配图		班级		比例	1:1
		学号		图号	
制图		××职业技术学院			
审核					

图7-27 填写标题栏、明细栏文字

知识点4 创建内部块

图块是多个图形对象的组合。在机械制图中,有很多标准图形,如我们熟悉的表面粗糙度符号会被反复使用。为了节省绘图的时间,不必重复绘制,只需将它们创建为一个块,在需要的位置插入即可;还可以给块定义属性,在插入时输入可变信息。

AutoCAD 的图块分为内部块和外部块。内部块保存在当前图形文件中;外部块命令可以将当前图形中的块或图形对象保存为独立的 AutoCAD 图形文件,因块保存在当前图形文件之外,所以称为外部块。外部块不依赖于当前图形,可以在任意图形中调入。

AutoCAD 调用"块"命令的 4 种方法如下:

(1)在菜单栏依次单击"绘图"→"块"→"创建",如图 7-28 所示。

(2)在功能区依次单击"默认"→"块"→"创建",如图 7-29 所示。

(3)在功能区依次单击"插入"→"块定义"→"创建块",如图 7-30 所示。

(4)键盘输入命令"BLOCK"或"B"。

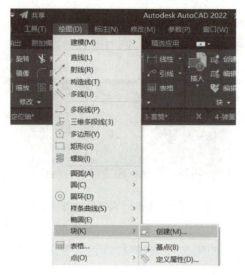

图 7-28 "绘图"→"块"→"创建"

图 7-29 "默认"→"块"→"创建" 图 7-30 "插入"→"块定义"→"创建块"

制作图块"被连接件1"的步骤如下。

(1)单击插入工具栏的"创建块"命令,弹出"块定义"对话框,如图 7-31 所示。在"名称"一栏输入"被连接件1"。

(2)单击"选择对象"按钮,在绘图区框选绘制好的被连接件1的视图,单击"Enter"键确认,返回"块定义"对话框。此时,对话框中已出现被连接件1的视图图样,如图 7-32 所示。

图 7-31 输入块名称 图 7-32 单击"拾取点"

(3)单击"拾取点"按钮,自动返回绘图区域,鼠标左键拾取如图 7-33 所示的下方中点作为块的基点,自动返回"块定义"对话框单击"确定"按钮,完成被连接件1图块的创建,如图

7-34 所示。

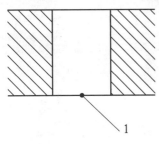

图 7-33 选择基点

图 7-34 单击"确定"

知识点 5 插入图块

（1）装配被连接件 1：如图 7-35 所示，在"插入"菜单栏执行"插入"→"块"命令，选择"被连接件 1"，在图纸的合适区域放置图块，完成后如图 7-36 所示。

（2）装配被连接件 2：执行"插入"→"块"命令，选择"被连接件 2"，装配到"被连接件 1"的上方，完成后如图 7-37 所示。

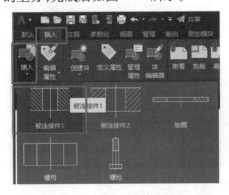

图 7-35 插入图块工具

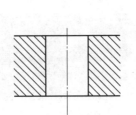

图 7-36 装配被连接件 1

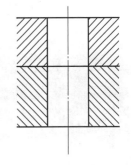

图 7-37 装配被连接件 2

知识点 6 多重引线

1. 多重引线简介

多重引线功能是引线 QLEADER 功能的延伸，在装配图上具有十分重要的作用。

多重引线对象由内容、基线、引线和箭头 4 个基本部分组成，如图 7-38 所示。各部分的设置都比较灵活，内容可以为多行文字，也可以为块对象，必要时，也可以使内容为空。基线是可选的，用户可以在多重引线样式中设置基线的长度。引线也是可选的，当使用引线时，可以将引线设置为直线或样条曲线。箭头的风格和大小也可以进行设置。

调用"多重引线"命令有两种方法：

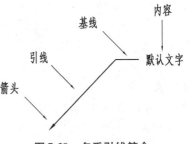

图 7-38 多重引线简介

方法1：如图7-39所示，在"标注"菜单栏单击"多重引线"命令。

方法2：如图7-40所示，在功能区单击"注释"→"多重引线"。

图7-39　通过"标注"菜单栏调用"多重引线"命令

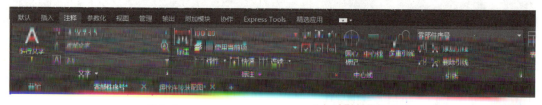

图7-40　通过功能区"注释"调用"多重引线"命令

2. 多重引线样式的创建

下面创建名为"零部件编号"的多重引线样式。

执行"格式"→"多重引线"命令，弹出"多重引线样式管理器"对话框，如图7-41所示；单击"新建"按钮，弹出"创建新多重引线样式"对话框，如图7-42所示，将"新样式名"设置为"零部件编号"，单击"继续"按钮，弹出"修改多重引线样式：零部件编号"对话框，如图7-43所示。

（1）切换到"引线格式"选项卡，将"符号"设置为"点"，大小设置为"1.0000"，完成后如图7-43所示。

（2）切换到"内容"选项卡，文字样式选择"汉字3.5"，"连接位置-左"设置为"最后一行加下划线"，"连接位置-右"设置为"最后一行加下划线"，如图7-44所示。单击"确定"按钮，回到"多重引线样式管理器"界面，单击"置为当前"，然后关闭。

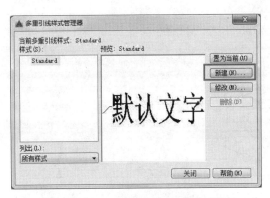

图 7-41 "多重引线样式管理器"对话框

图 7-42 弹出"创建新多重引线样式"对话框

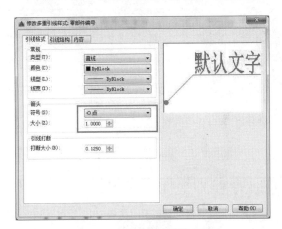

图 7-43 "引线格式"选项卡

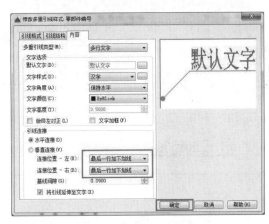

图 7-44 "内容"选项卡

这样就创建了"零部件编号"样式并将其置为当前。已经创建好的多重引线样式,可以在"注释"功能区进行查看。

3.多重引线的调用

调用"多重引线"命令有两种方法:

方法 1:在"标注"菜单栏单击"多重引线"命令。

方法 2:在功能区单击"注释"→"多重引线"。

将"尺寸标注"层置为当前层,执行"标注"→"多重引线"命令,或者在注释功能区执行"多重引线"命令。然后,在被连接件 1 的实体部分单击鼠标左键,放置引线,在屏幕合适位置单击鼠标左键,放置基线,输入 1,在屏幕绘图区任意位置单击鼠标左键,完成当前操作。采用同样的方法,标注被连接件 2 的编号,注意基线与编号 1 对齐。同样的,标注编号 3、4、5。编号从下向上,排列整齐,间距尽可能相同。这样,就完成了零部件编号的添加,如图7-45 所示。

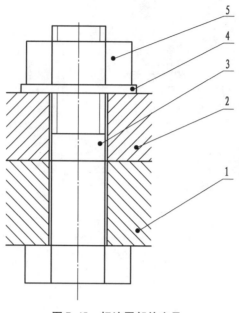

图 7-45   标注零部件序号

五、创新思维

创新绘制思路及过程

六、拓展提高

参考旋塞的立体图和装配示意图(图 7-46),根据给出的零件图(图 7-47—图 7-49),绘制旋塞的装配图。

如图 7-46 所示,旋塞以螺纹连接于管道上,作为开关设备,其特点是开、关迅速。该图已表明开的位置——在锥形塞顶部开有长槽作为标记。当旋塞旋转 90°后,长槽处于和管道垂直的位置,表明已关闭。为了防止泄漏,在锥形塞与阀体间充填填料(石棉绳),并用压盖压紧(填料压盖压入阀体内 3～5 mm),压紧后要求达到密封可靠且锥形塞转动灵活。

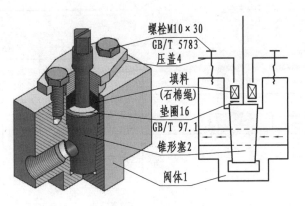

图 7-46　旋塞的立体图和装配示意图

阀体、锥形塞、压盖分别如图 7-47—图 7-49 所示。

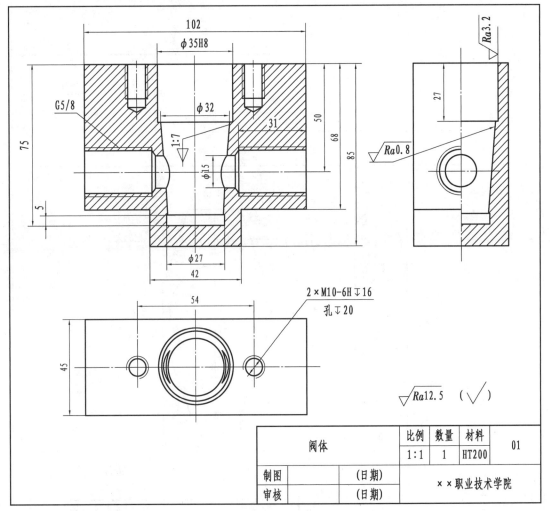

图 7-47　阀体

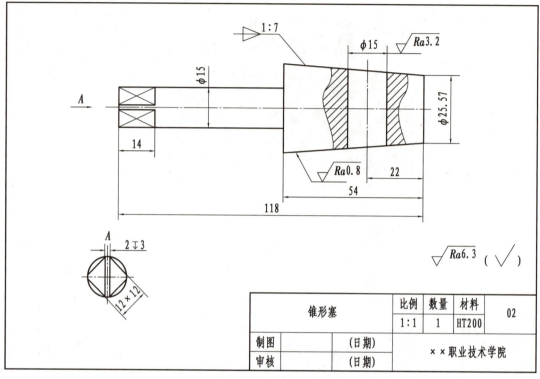

图 7-48　锥形塞

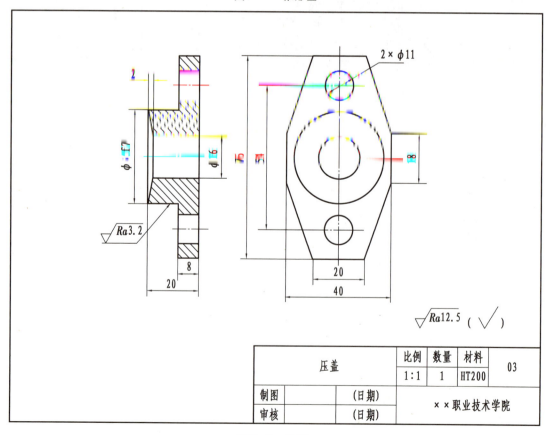

图 7-49　压盖

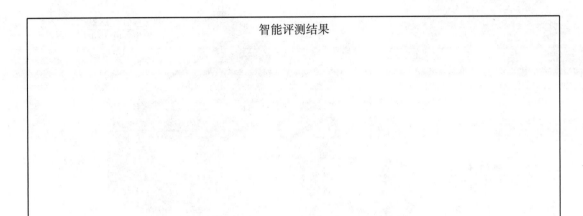

智能评测结果

七、巩固实践

机用虎钳是一种装在机床工作台上用来夹紧零件,以便进行加工的夹具。当用扳手转动螺杆时,螺杆带动方块螺母使活动钳块沿钳座做直线运动,方块螺母与活动钳块用螺钉连成一体,这样使钳口闭合或开放,夹紧或卸下零件。两块护口板用沉头螺钉紧固在钳座上,以便磨损后可以更换。

序号	名称	数量	材料	附注
1	螺钉 M10×20	4	Q235	GB/T 68—2016
2	护口板	2	45	
3	螺钉	1	Q235	
4	活动钳口	1	HT200	
5	销 3×16	1	Q235	GB/T 91—2000
6	螺母 M10	1	Q235	GB/T 6170—2015
7	垫圈 10	1	Q235	GB/T 97.2—2002
8	螺杆	1	45	
9	方块螺母	1	Q275	
10	钳座	1	HT200	
11	垫圈	1	Q275	

根据虎钳装配示意图(图 7-50)及零件图(图 7-51—图 7-57),绘制机用虎钳装配图。

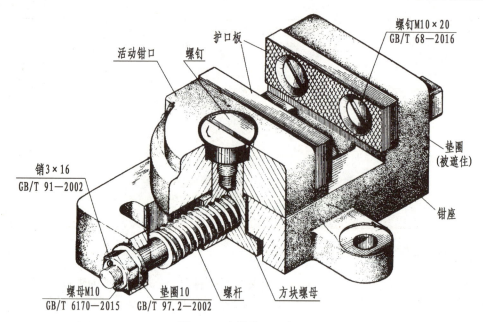

图 7-50　虎钳装配示意图

名称	护口板
材料	45
数量	2

名称	螺钉
材料	Q235
数量	5

图 7-51　护口板

图 7-52　螺钉

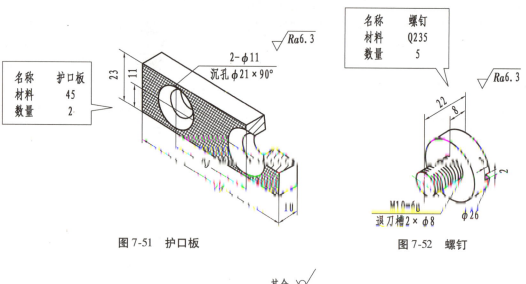

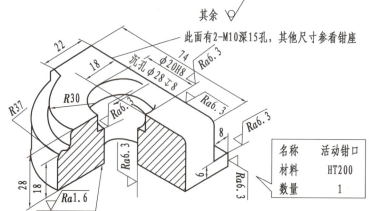

此面有2-M10深15孔，其他尺寸参看钳座

名称	活动钳口
材料	HT200
数量	1

图 7-53　活动钳口

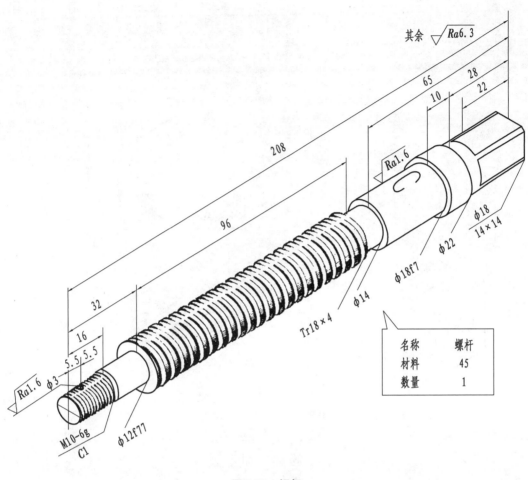

图 7-54 螺杆

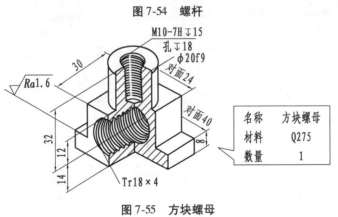

图 7-55 方块螺母

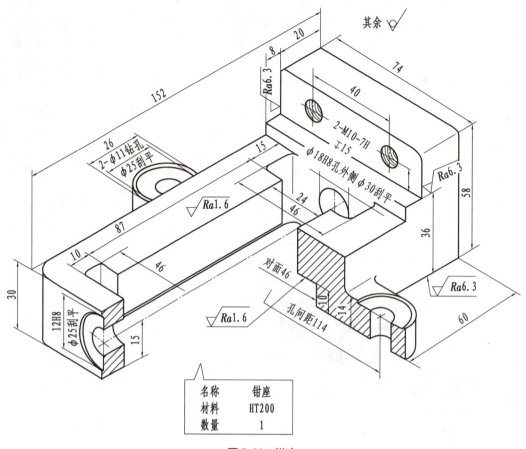

图 7-56　钳座

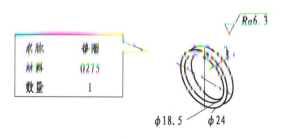

图 7-57　垫圈

智能评测结果

任务 8　定位器装配图的绘制

 学习目标

1. 掌握带属性的块创建和调用；
2. 掌握外部块的创建和调用；
3. 掌握装配图的绘制方法。

 素养目标

1. 培养坚持不懈、潜心钻研的工匠精神；
2. 培养不拘一格、推陈出新的科学精神；
3. 培养善于思考、勤于学习的职业素养。

一、学习任务单

任务名称	定位器装配图的绘制						
任务描述	根据定位器的装配示意图(图 8-1)和零件图(图 8-2—图 8-7),绘制定位器装配图,比例 1∶1,标注零部件序号,填写明细栏[6 号零件为螺钉(GB/T 73—2017)M5×5] 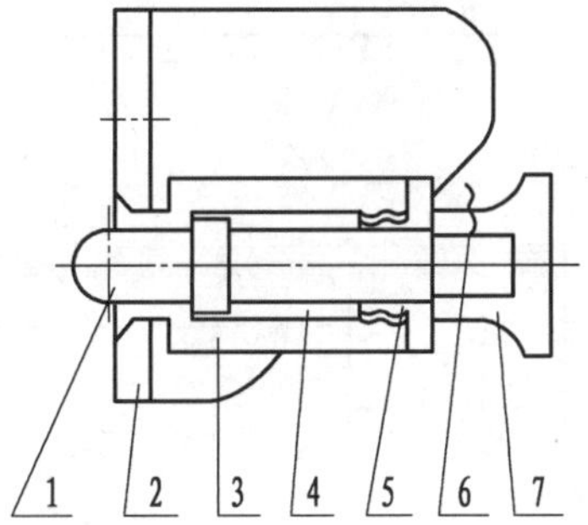						

图 8-1 定位器装配示意图

序号	名称	数量	材料	附注
1	定位轴	1	45	
2	支架	1	45	
3	套筒	1	35	
4	弹簧	1	65Mn	
5	盖	1	45	
6	定位螺钉	1	Q235	GB/T 73—2017
7	把手	1	ABS	

任务名称	定位器装配图的绘制
任务分析	定位器的各零件结构较为复杂,可以先把每个零件绘制成单独的. dwg 文件,用外部块的形式绘制装配图,完成后如图 8-8 所示
成果展示与评价	各组成员每个人完成定位器零件图、装配图的绘制,按照要求保存为. dwg 格式并上传图形文件,由智能评测软件完成成绩的综合评定
任务小结	结合学生课堂表现和评测软件所给结果中的典型共性问题进行点评、总结

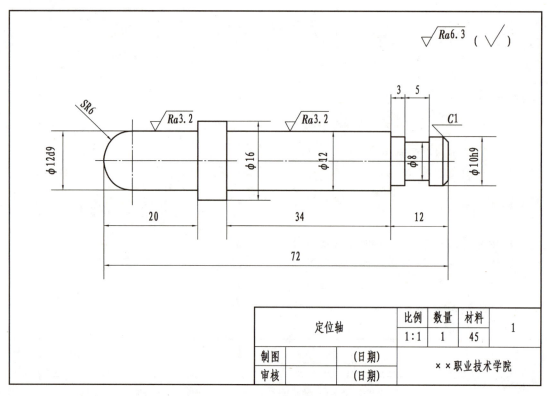

图 8-2　定位轴

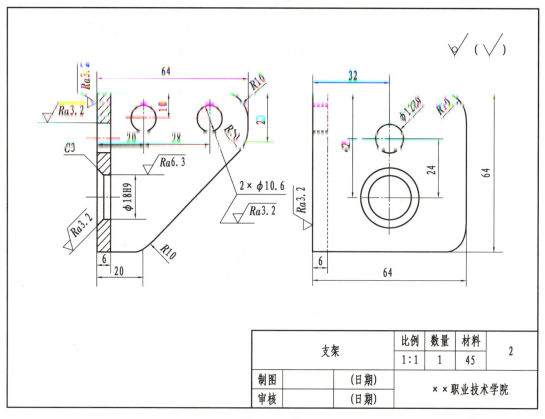

图 8-3　支架

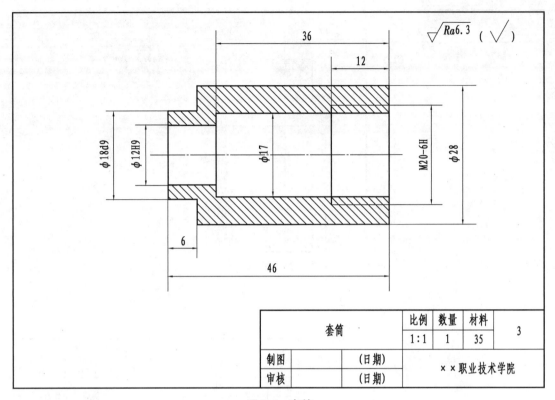

图 8-4 套筒

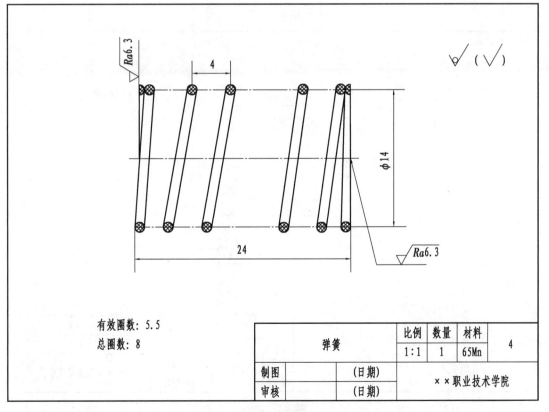

图 8-5 弹簧

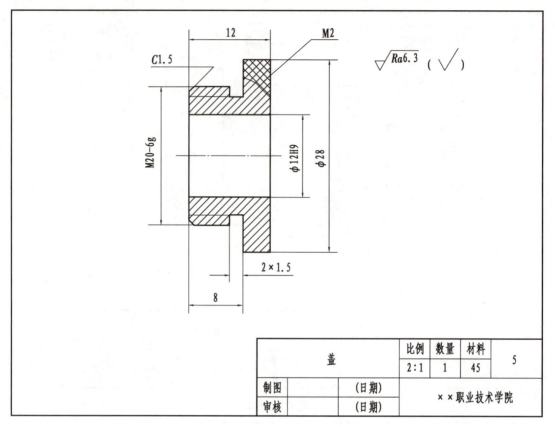

图 8-6　盖

盖		比例	数量	材料	5
		2 : 1	1	45	
制图		（日期）	××职业技术学院		
审核		（日期）			

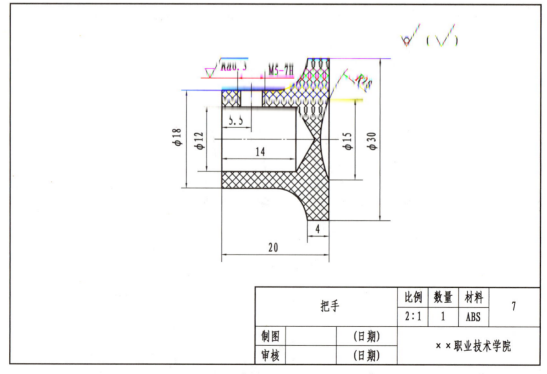

图 8-7　把手

把手		比例	数量	材料	7
		2 : 1	1	ABS	
制图		（日期）	××职业技术学院		
审核		（日期）			

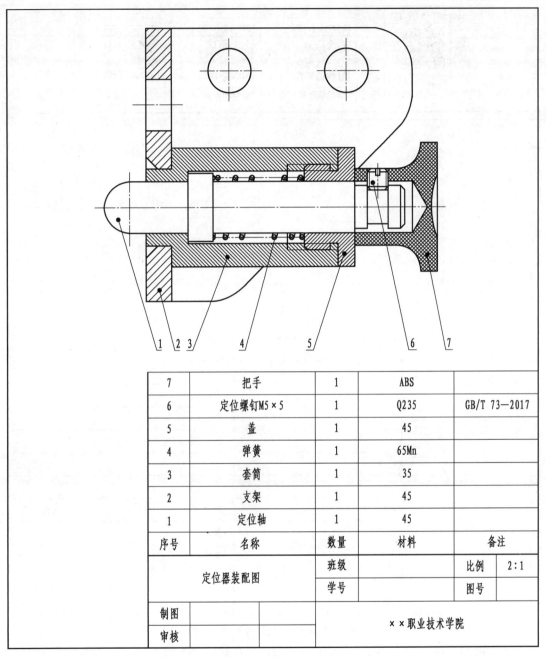

7	把手	1	ABS	
6	定位螺钉M5×5	1	Q235	GB/T 73—2017
5	盖	1	45	
4	弹簧	1	65Mn	
3	套筒	1	35	
2	支架	1	45	
1	定位轴	1	45	
序号	名称	数量	材料	备注

定位器装配图		班级		比例	2:1
		学号		图号	
制图			××职业技术学院		
审核					

图 8-8　定位器装配图

二、操作过程

设置图层

第1步:绘制 7 个零件的零件图,标注尺寸,单独保存为. dwg 格式。

第2步:新建文件,文件名输入"定位器装配图",单击保存。

第3步:新建图层,设置绘图环境。

第4步:绘制 A4 幅面(尺寸:210 mm×297 mm),按不留装订边格式绘制图框、标题栏、明细栏,创建两种文字样式,命名为"汉字 3.5""汉字 5",并填入表格,操作步骤可参考任务 7 中的知识点 2、知识点 3,完成后如图 8-9 所示。

绘制图纸幅面
与图框

绘制标题栏

绘制明细栏

创建文字样式

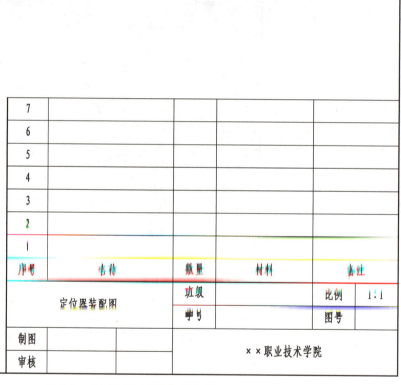

7					
6					
5					
4					
3					
2					
1					
序号	名称	数量	材料	备注	
定位器装配图		班级		比例	1:1
		学号		图号	
制图		××职业技术学院			
审核					

图 8-9　绘制图幅、标题栏、明细栏

第 5 步:创建外部块。将零件制作成外部块,具体操作步骤见本任务的知识点 1,每个块的基准如图 8-10—图 8-15 所示。

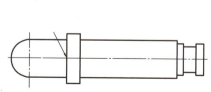

图 8-10　图块"定位轴"的基点

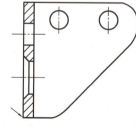

图 8-11　图块"支架"的基点

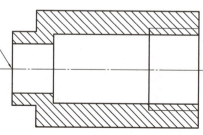

图 8-12　图块"套筒"的基点

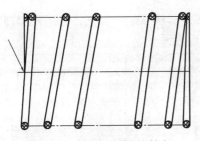
图 8-13 图块"弹簧"的基点

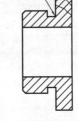
图 8-14 图块"盖"的基点

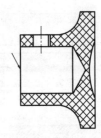
图 8-15 图块"把手"的基点

第 6 步：装配定位器。

（1）装配支架。采用"插入外部块"的方式，装配支架，完成后如图 8-16 所示。插入外部块的操作参考本任务知识点 2。

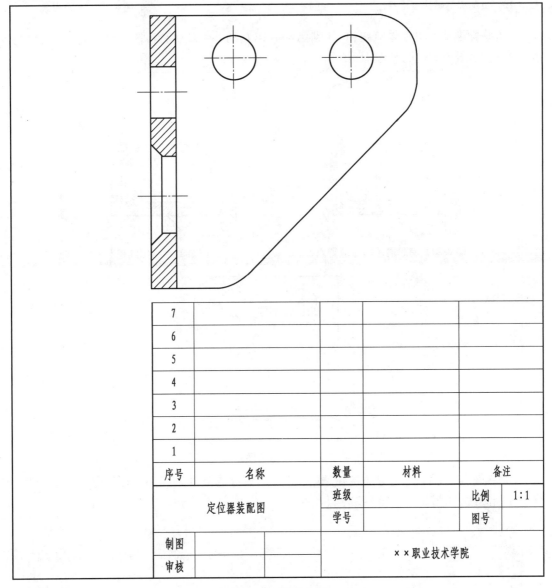

7				
6				
5				
4				
3				
2				
1				
序号	名称	数量	材料	备注

定位器装配图		班级		比例	1：1
		学号		图号	
制图			××职业技术学院		
审核					

图 8-16 装配支架

　　（2）装配套筒。单击导航按钮,找到已经制作好的外部块-套筒,选中后将其装配到支架上,注意将支架分解,修剪多余图线,如图8-17—图8-19所示。

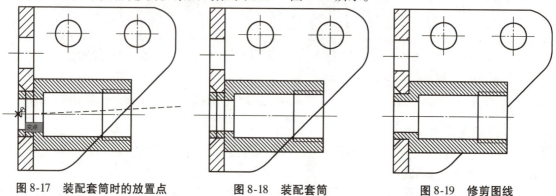

图 8-17　装配套筒时的放置点　　　　图 8-18　装配套筒　　　　图 8-19　修剪图线

　　（3）装配端盖。单击导航按钮,找到已经制作好的外部块-端盖,装配到正确位置,修剪多余图线,如图8-20—图8-22所示。

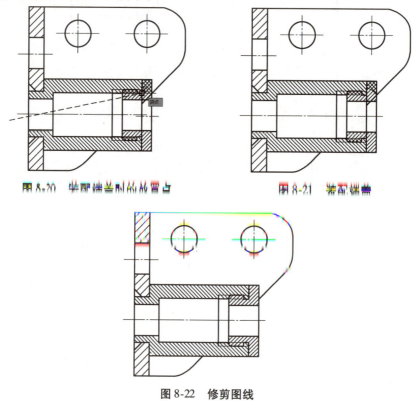

图 8-20　装配端盖时的放置点　　　　图 8-21　装配端盖

图 8-22　修剪图线

　　（4）装配定位轴。单击导航按钮,找到已经制作好的外部块-定位轴,装配到正确位置,修剪多余图线,如图8-23—图8-25所示。

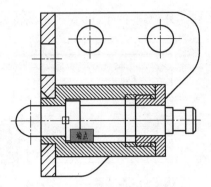

图 8-23 装配定位轴时的放置点

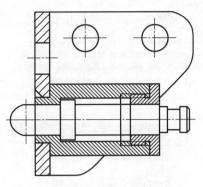

图 8-24 装配定位轴

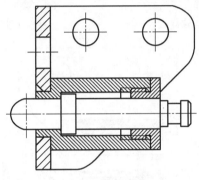

图 8-25 修剪图线

（5）装配弹簧。单击导航按钮，找到已经制作好的外部块-弹簧，装配到正确位置，修剪多余图线，如图 8-26—图 8-28 所示。

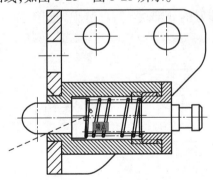

图 8-26 装配弹簧时的放置点

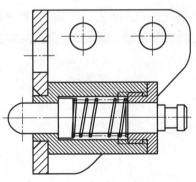

图 8-27 装配弹簧

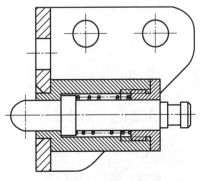

图 8-28 修剪图线

（6）装配把手。单击导航按钮，找到已经制作好的外部块-把手，装配到正确位置，修剪多余图线，如图8-29—图8-31所示。

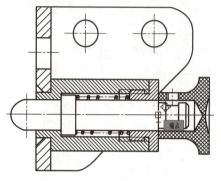

图8-29　装配把手时的放置点

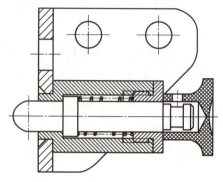

图8-30　装配把手

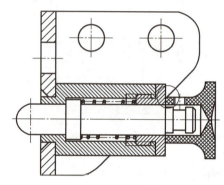

图8-31　修剪图线

（7）装配螺钉。单击导航按钮，找到已经制作好的外部块-螺钉，装配到正确位置，修剪多余图线，如图8-32—图8-34所示。

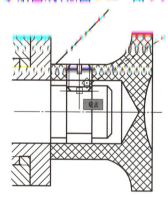

图8-32　装配螺钉时的放置点

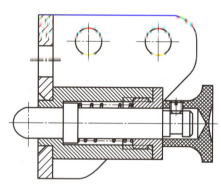

图8-33　装配螺钉

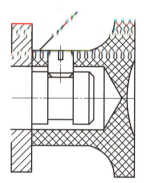

图8-34　修剪图线

至此，完成了定位器7个零件的装配。

第7步：标注零部件序号。

创建名为"零部件编号"的多重引线样式，具体操作参考任务7知识点6"2.多重引线样式的创建"。

将"尺寸标注"层置为当前层，执行"标注"→"多重引线"命令，或者，在注释功能区执行"多重引线"命令。标注零件编号1—7，编号从左向右，排列整齐，间距尽可能

多重引线样式
的创建与调用

相同。完成后如图 8-35 所示。

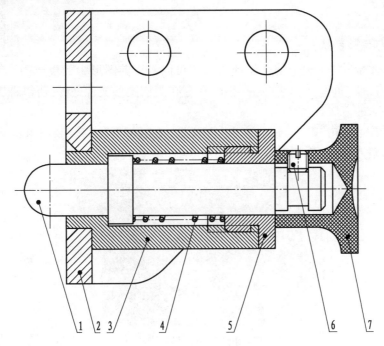

图 8-35　标注零部件序号

第 8 步:完整填写标题栏、明细栏。

将"细实线"层置为当前,完成后如图 8-8 所示。

提示:
　　可以采用"多行文字"命令逐个填写,填写方法与前面的操作相同;也可以采用"复制选择"命令,进行快速填写。

三、评测修改

使用智能评测软件对学生的绘图进行检测,记录出现的错误,学生根据评分细则一步步修改、完善图纸,快速提高 CAD 绘图能力。

智能评测结果

四、任务依据

知识点 1 创建外部块

外部块简介

创建外部块又称写块。利用创建外部块命令可以将当前图形中的块或图形对象保存为独立的 AutoCAD 图形文件,因块保存在当前图形文件之外,所以称为外部块。调用"外部块"命令的方法有两种:

方法 1:在功能区单击"插入"选项卡→"块定义"面板→"写块"按钮,如图 8-36 所示。

方法 2:键盘输入命令"WBLOCK"或"W"。

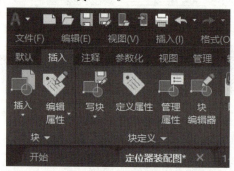

图 8-36 通过功能区调用"外部块"命令

以定位器装配图中的零件——支架为例,讲解外部块的创建方法。

打开绘制的"支架"零件图,如图 8-37 所示,将"尺寸标注"图层冻结。

创建外部块
——支架

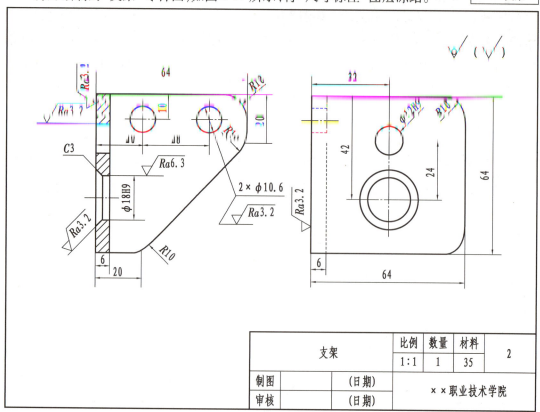

图 8-37 支架零件图

知识点 2 插入外部块

切换到"插入"功能区,在"块定义"面板执行"写块"命令,弹出"写块"对话框,如图 8-38 所示。单击"选择对象"按钮,框选支架的主视图,如图 8-39 所示,按"Enter"键确认,单击"拾取点"按钮,选择支架的左下角点为基点。选择文件名和路径,图块名称输入"外部块-支架",单击保存,然后单击"确定"按钮即可创建外部块-支架。

图 8-38 "写块"对话框

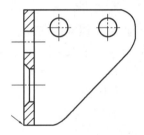

图 8-39 "外部块-支架"的基点

知识点 3 插入块

如图 8-40 所示,切换到"插入"功能区,执行"插入-库中的块"命令,如图 8-40 所示在屏幕右下方,单击导航按钮,按照如图 8-41 所示找到已经制作好的"外部块-支架",选中后把它放到图纸的适当位置,完成后如图 8-16 所示。

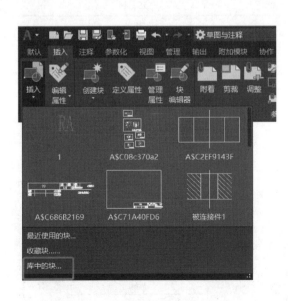

图 8-40 "库中的块"命令

图 8-41 选择"外部块-支架"

五、创新思维

创新绘制思路及过程

六、拓展提高

千斤顶利用螺旋传动来顶举重物,是汽车修理和机械安装常用的一种起重或顶压工具,但顶举的高度不能太大。工作时,绞杆穿在螺旋杆顶部的孔中,旋动绞杆,螺旋杆在螺套中靠螺纹做上、下移动,顶垫上的重物靠螺旋杆的上升而顶起。螺套镶在底座里,并用螺钉定位,磨损后便于更换修配。螺旋杆的球面形顶部,套一个顶垫,靠螺钉与螺旋杆连接而固定不动,防止顶垫随螺旋杆一起旋转而且不脱落。

序号	名称	数量	材料	附注
1	顶垫	1	Q275	
2	螺钉 M8×12	1	Q235	GB/T 75—2018
3	螺旋杆	1	Q255	
4	绞杆	1	Q215	
5	螺钉 M10×12	1	Q235	GB/T 73—2017
6	螺套	1	QA19-4	
7	底座	1	HT200	

根据千斤顶立体图(图8-42)和零件图(图8-43—图8-47)绘制千斤顶装配图。

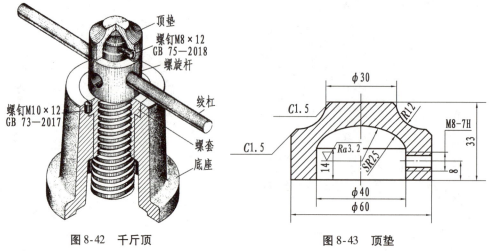

图8-42 千斤顶   图8-43 顶垫

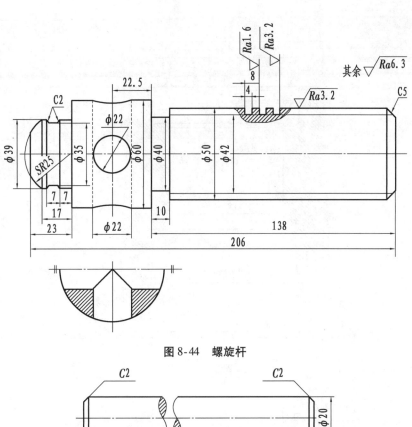

图 8-44　螺旋杆

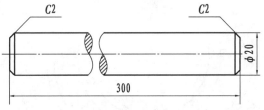

图 8-45　绞杆

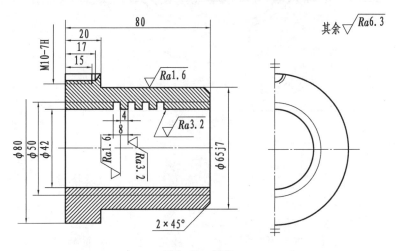

图 8-46　螺套

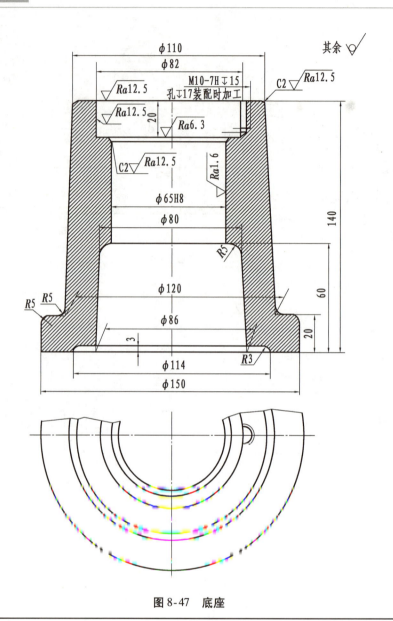

图 8-47 底座

智能评测结果

七、巩固实践

压阀工作原理:用力向下转动手柄11,阀瓣5下移压缩弹簧4,从而使管路接通。去除外力,阀瓣在弹簧的作用下复位,从而使管路截止。

请根据压阀装配示意图(图8-48)和各零件图(图8-49—图8-58)绘制压阀装配图。

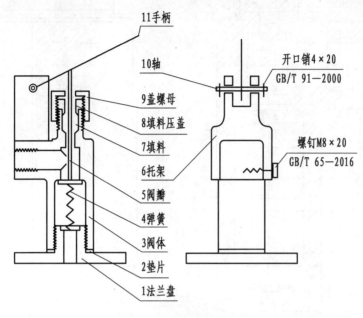

图 8-48 压阀装配示意图

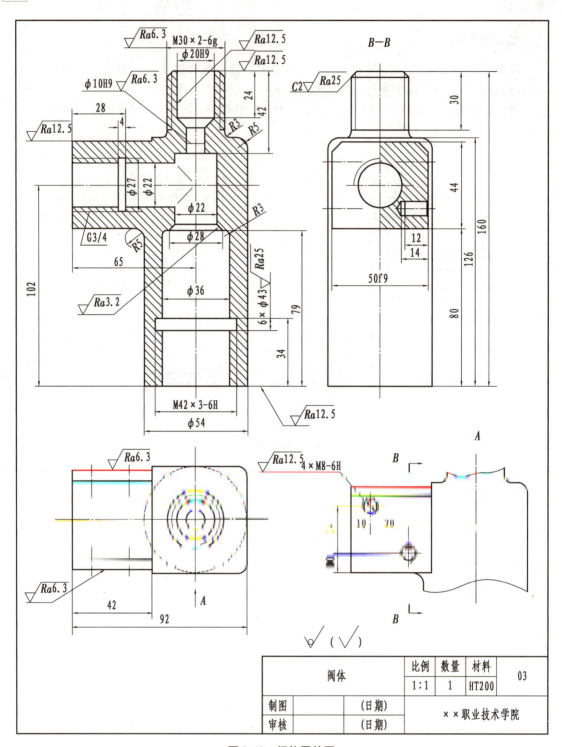

图 8-49　阀体零件图

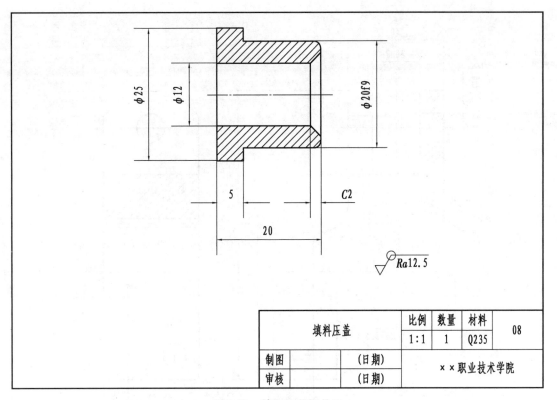

图 8-50 填料压盖零件图

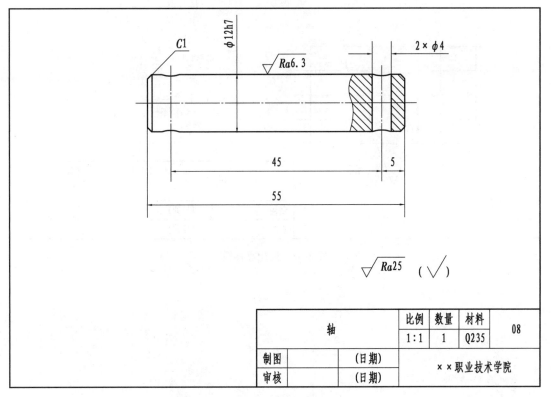

图 8-51 轴零件图

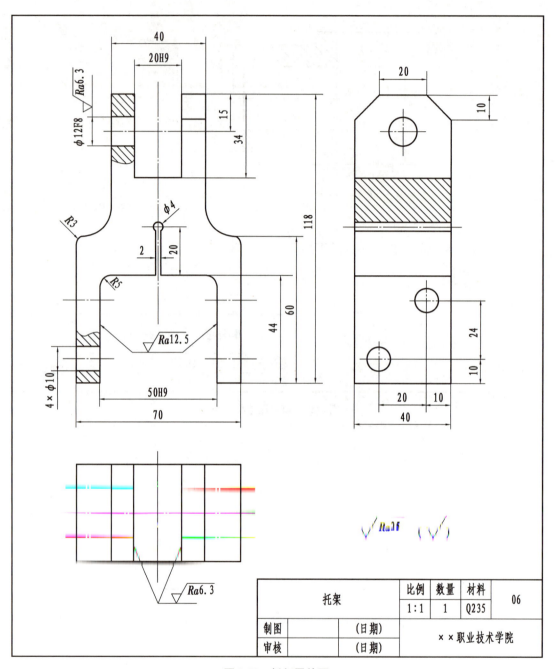

图 8-52 托架零件图

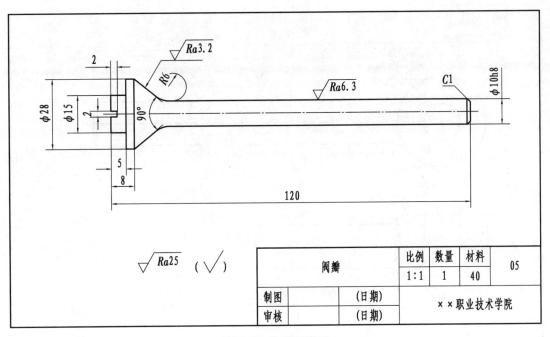

图 8-53 阀瓣零件图

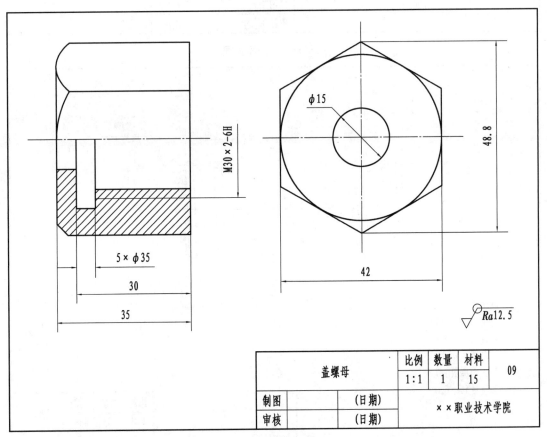

图 8-54 盖螺母零件图

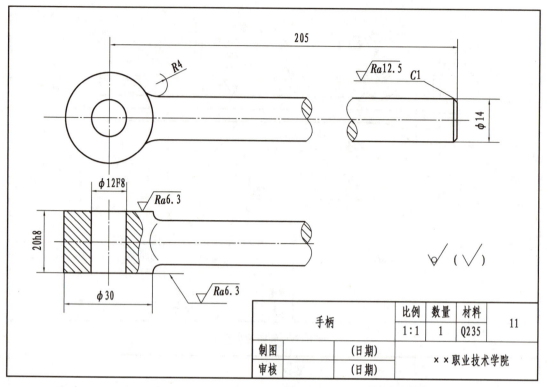

图 8-55　手柄零件图

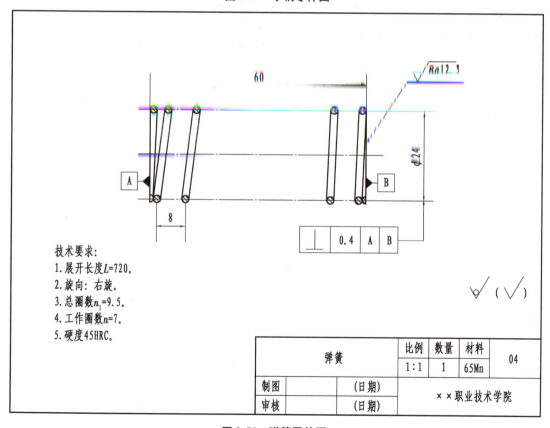

技术要求:

1. 展开长度L=720。
2. 旋向: 右旋。
3. 总圈数n_1=9.5。
4. 工作圈数n=7。
5. 硬度45HRC。

弹簧	比例	数量	材料	04
	1:1	1	65Mn	
制图　　　　（日期）		××职业技术学院		
审核　　　　（日期）				

图 8-56　弹簧零件图

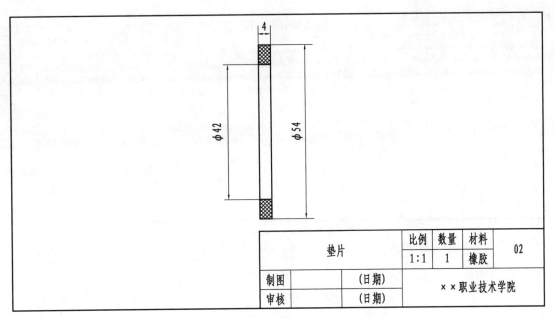

垫片	比例	数量	材料	02
	1:1	1	橡胶	
制图	（日期）	×× 职业技术学院		
审核	（日期）			

图 8-57 垫片零件图

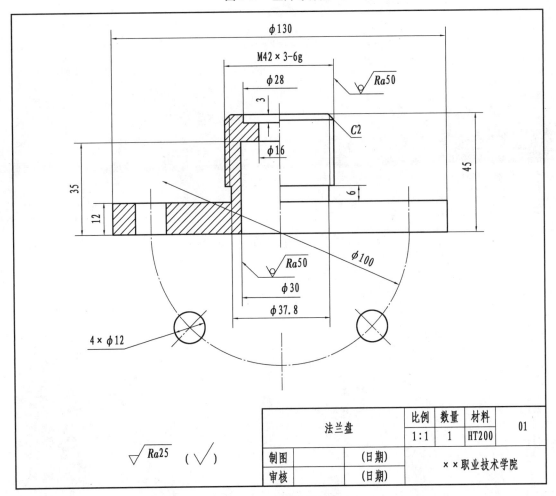

法兰盘	比例	数量	材料	01
	1:1	1	HT200	
制图	（日期）	×× 职业技术学院		
审核	（日期）			

图 8-58 法兰盘零件图

智能评测结果

项目三
参数化绘图

任务9 吊钩零件图参数化绘制

 学习目标

1.掌握添加和编辑几何约束的方法；
2.掌握添加和编辑尺寸约束的方法；
3.掌握参数化绘图的一般方法。

 素养目标

1.培养不拘一格、推陈出新的科学精神；
2.培养实事求是、注重细节的工匠精神；
3.培养乐于分享、共同进步的团队精神。

一、学习任务单

任务名称	吊钩零件图参数化绘制
任务描述	按1：1绘制如图9-1所示吊钩，并标注尺寸 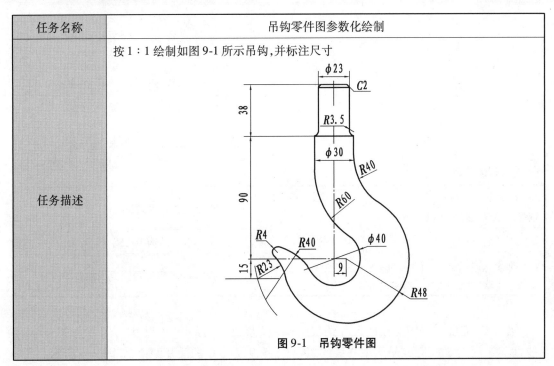 图9-1 吊钩零件图

续表

任务名称	吊钩零件图参数化绘制
任务分析	本任务介绍如图 9-1 所示吊钩的绘制方法和步骤,主要涉及"几何约束"对象、"尺寸约束"对象等命令
成果展示与评价	各组成员各自完成如图 9-1 所示吊钩图形的绘制,按照要求保存为. dwg 格式并上传图形文件,由智能评测软件完成成绩的综合评定
任务小结	结合学生课堂表现和评测软件所给结果中的典型共性问题进行点评、总结

二、操作过程

第 1 步:新建文件,文件名为"吊钩",单击保存。

第 2 步:新建图层"粗实线""细实线""点划线""尺寸";设置对象捕捉"圆心""端点""交点",启用"极轴追踪""对象捕捉",设置绘图环境。

第 3 步:绘制吊钩中心线。选择"点划线"图层,任意位置绘制任意尺寸吊钩中心线,如图 9-2 所示。

第 4 步:完成吊钩中心线的自动约束。单击"参数化"面板→"几何约束"选项卡中的"█",选择图 9-2 的吊钩中心线,按"Enter"键确认即可完成自动约束,如图 9-3 所示。

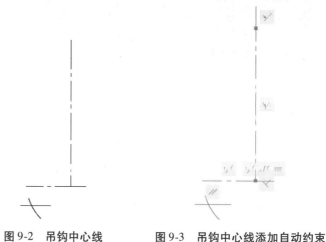

图 9-2　吊钩中心线　　　图 9-3　吊钩中心线添加自动约束

操作步骤如下:

命令:_AutoConstrain 选择对象或[设置(S)]:	点击选择自动约束
指定对角点:找到 6 个	鼠标框选吊钩中心线
选择对象或[设置(S)]: 已将 9 个约束应用于 6 个对象	按"Enter"键即可完成添加自动约束

第 5 步:完成吊钩中心线的尺寸约束。单击"参数化"面板→"尺寸",约束选项卡中的"线性""半径"尺寸,完成吊钩中心线的 38,90,15,9,71,60 的尺寸约束,如图 9-4 所示。

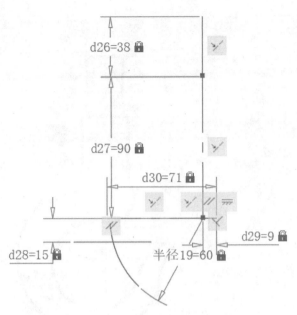

图9-4　吊钩中心线添加尺寸约束

第6步：任意尺寸绘制吊钩柄并添加自动约束和尺寸约束。选择"粗实线"图层，使用"直线"命令，拾取上端中心线端点，任意尺寸绘制吊钩手柄的一半，并镜像出另一半。对吊钩手柄添加"自动约束"，再添加"尺寸约束"，如图9-5所示。

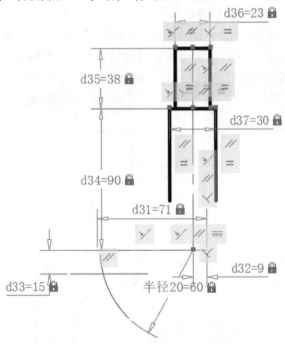

图9-5　任意尺寸绘制吊钩柄的直线

第7步：使用"圆心、起点、端点"命令绘制 $R48$、$\phi40$、$R23$、$R40$ 圆弧，在指定位置以任意尺寸绘制圆弧。使用"三点画圆弧"的圆弧命令，任意尺寸绘制吊钩外部连接部分圆弧，如图9-6所示。

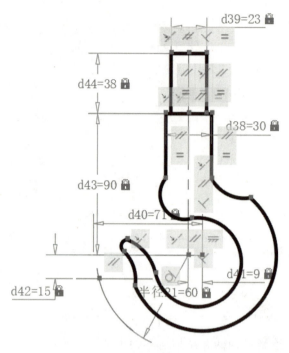

图9-6　绘制锁钩圆弧部分

第8步：对线条添加自动约束。单击"参数化"面板→"几何约束"选项卡→"自动约束"，单击框选所有线条，按"Enter"键确认即可完成自动约束。

第9步：对线条添加"相切"约束。单击右键，删除吊钩柄处"="相等约束。单击"几何约束"选项卡中的 图标，依次选择需要相切的线条，即可完成两线条相切。再对图纸中有相切要求的位置从上至下手动依次添加相切，如图9-7所示。

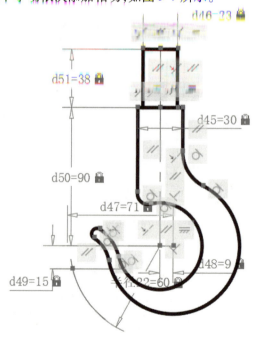

图9-7　对线条添加相切约束

第 10 步:完成吊钩的圆弧尺寸约束。单击"参数化"面板,单击"尺寸"约束选项卡中的"半径"尺寸,按照图纸尺寸标注 $R60$、$R40$、$R48$、$\phi40$、$R40$、$R4$,即可完成吊钩的圆弧尺寸约束,如图9-8所示。

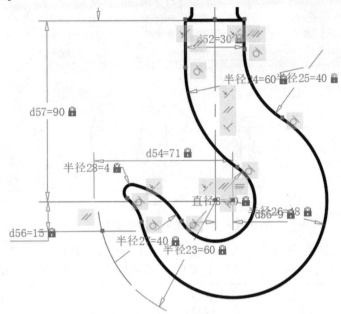

图9-8　添加吊钩的圆弧尺寸约束

第 11 步:倒角。单击"默认"选项卡中"修改"面板中的 ▉▉▉、▉▉ 图标,完成倒斜角 $C2$ 和倒圆角 $R3.5$ 的绘制,并补齐线条,如图9-9所示。

第 12 步:隐藏图中所有的几何约束和尺寸约束。单击"参数化"面板→"几何约束"选项卡→"全部隐藏",完成几何约束的隐藏。单击"参数化"面板→"标注"选项卡→"全部隐藏",完成尺寸约束的隐藏,如图9-10所示。

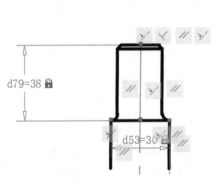

图9-9　绘制倒角

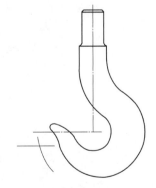

图9-10　隐藏几何约束和尺寸约束

第 13 步:完成吊钩的尺寸标注。新建"机械线性标注"尺寸样式,选择"尺寸"图层,按照图纸要求标注尺寸,如图9-11所示。

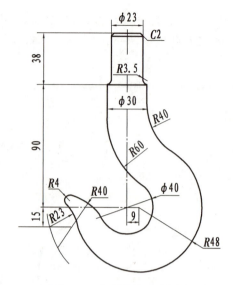

图9-11　完成吊钩尺寸标注

第14步:绘制图框,标题栏。新建文字样式、插入标题栏表格,完成表格单元格的行高和列宽的调整,完成标题栏内相关文字的填写,保存吊钩图形文件,如图9-12所示。

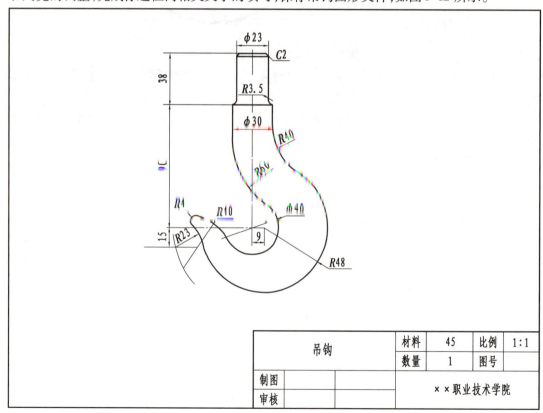

吊钩		材料	45	比例	1:1
		数量	1	图号	
制图			××职业技术学院		
审核					

图9-12　吊钩图纸

三、评测修改

使用智能评测软件对学生的绘图进行检测,记录出现的错误,学生根据评分细则一步步修改、完善图纸,快速提高 CAD 绘图能力。

智能评测结果及问题分析

四、任务依据

添加几何约束

知识点 1 添加几何约束

几何约束用于确定线条对象间或对象上各点间的几何关系,如重合、共线、平行、同心等。可以通过"参数化"选项卡中的"几何"面板来添加几何约束,如图 9-13 所示。例如,可添加平行约束使两条线段平行,添加重合约束使两端点重合等。

图 9-13 "参数化"选项卡的"几何"面板

注意:

在添加几何约束时,选择两个对象的顺序将决定对象怎样更新。

通常,所选的第二个对象会根据第一个对象进行调整,即以第一个对象为基准来调整第二个对象。

1. 自动约束

根据选择对象自动添加几何约束,如图 9-14 所示。

单击"几何"面板右下角的箭头,打开如图 9-15 所示的"约束设置"对话框。

单击"自动约束",选择应用不同的自动约束类型,可以设置添加各类约束的优先级,可以添加约束的距离公差值和角度公差值。

2. 重合约束

重合约束使两个点重合或者一个点与一条直线上的点重合,如图 9-16 所示。

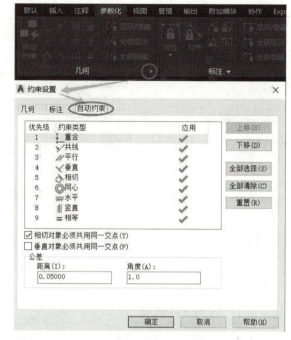

图9-14 自动约束

图9-15 约束设置对话框

3. 共线约束

共线约束使两条直线位于同一条无限长的直线上,如图9-17所示。

图9-16 重合约束

图9-17 共线约束

4. 同心约束

同心约束使选定的圆、圆弧或椭圆保持同一中心点,如图9-18所示。

5. 固定约束

固定约束使一个点或一条曲线固定到相对于世界坐标系(WCS)的指定位置和方向上,如图9-19所示。

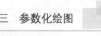

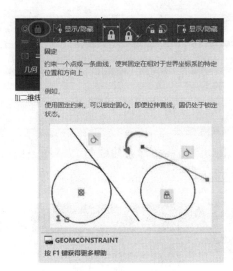

图 9-18　同心约束　　　　　　　　图 9-19　固定约束

6. 平行约束

平行约束使两条直线保持相互平行,如图 9-20 所示。

7. 垂直约束

垂直约束使两条直线或多段线段的夹角保持 90°,如图 9-21 所示。

图 9-20　平行约束　　　　　　　　图 9-21　垂直约束

8. 水平约束

水平约束使一条直线或一对点与当前用户坐标系 UCS 的 X 轴保持平行,如图 9-22 所示。

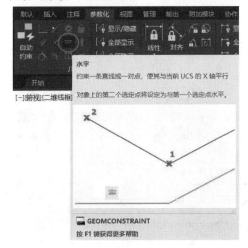

图 9-22　水平约束　　　　　　　　图 9-23　竖直约束

9. 竖直约束

竖直约束使一条直线或一对点与当前用户坐标系 UCS 的 Y 轴保持平行,如图 9-23 所示。

10. 相切约束

相切约束使两条曲线保持相切或与其延长线保持相切,如图 9-24 所示。

11. 平滑约束

平滑约束使一条样条曲线与其他样条曲线、直线、圆弧或多段线保持几何连续性,如图 9-25 所示。

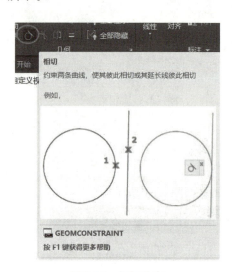

图 9-24　相切约束

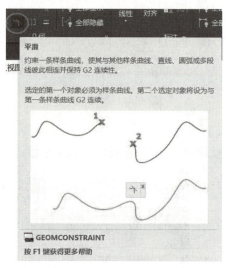

图 9-25　平滑约束

12. 对称约束

对称约束使两个对象或两个点关于选定直线保持对称,如图 9-26 所示。

13. 相等约束

相等约束使两条线段或多段线段具有相同长度,或者使圆弧有相同半径值,如图 9-27 所示。

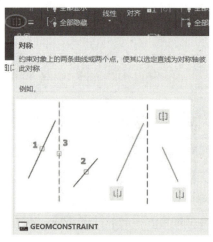

图 9-26　对称约束

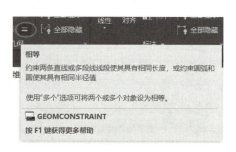

图 9-27　相等约束

知识点2 几何约束的编辑

几何约束的
编辑

添加几何约束后,在对象的旁边出现约束图标。将光标移动到图标或图形对象上,AutoCAD将高亮显示相关的对象及约束图标,如图9-28所示。

对已加到图形中的几何约束可以进行显示、隐藏和删除等操作,如图9-29所示。

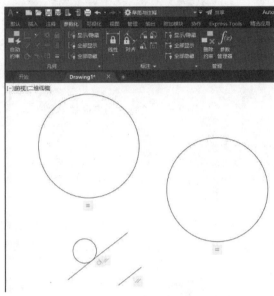

图 9-28　显示几何约束图标

图 9-29　显示、隐藏几何约束

用户修改编辑受约束的几何对象后,几何约束的变化会有以下4种情况:

(1)使用关键点编辑模式修改受约束的几何图形,该图形会保留应用的所有约束。

(2)使用MOVE、COPY、ROTATE和SCALE等命令修改受约束的几何图形后,结果会保留应用于对象的约束。

(3)在有些情况下使用TRIM、EXTEND、BREAK等命令修改受约束的对象后,所加约束将被删除。

(4)若编辑命令的操作结果与几何约束产生矛盾,系统会提示是否删除相关约束,如图9-30所示。

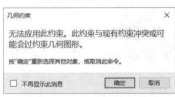

图 9-30　几何约束冲突对话框

知识点3 添加尺寸约束

添加尺寸约束

尺寸约束控制二维对象的大小、角度及两点间的距离等,此类约束可以是数值,也可以是变量及方程式。改变尺寸约束,约束将驱动对象发生相应变化。

尺寸约束类型有动态约束形式和注释性约束两种模式。

1）动态约束形式

如图9-31所示，其标注外观由固定的预定义标注样式决定。在缩放操作过程中动态约束保持相同大小。

图9-31 动态约束形式

图9-32 注释性约束形式

图9-33 约束特性对话框

2）注释性约束形式

如图9-32所示，其标注外观由当前标注样式控制。在缩放操作过程中注释性约束的大小发生变化。可把注释性约束放在同一图层上，设置颜色及改变可见性。

选择尺寸约束，单击鼠标右键，选择"特性"选项，打开如图9-33所示的"特性"对话框，在"约束形式"下拉列表中指定尺寸约束要采用的形式。

注意：

默认情况下是动态约束形式。动态约束形式与注释性约束形式之间可相互转换。

动态约束形式，不能修改，且不能被打印；注释性约束形式，可以修改，也可以打印。

（1）线性约束：可以约束两点之间的水平或竖直距离，如图9-34所示。

（2）水平约束：可以约束对象上的点或不同对象上两个点之间的 X 距离，如图9-35所示。

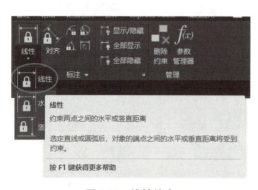

图9-34 线性约束

图9-35 水平约束

（3）竖直约束：可以约束对象上的点或不同对象上两个点之间的 Y 距离，如图9-36所示。

（4）对齐约束：可以约束两点、点与直线、直线与直线间的距离，如图9-37所示。

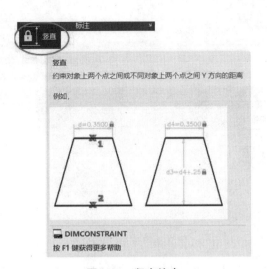

图 9-36　竖直约束

图 9-37　对齐约束

(5)半径约束:可以约束圆或圆弧的半径,如图 9-38 所示。

(6)直径约束:可以约束圆或圆弧的直径,如图 9-39 所示。

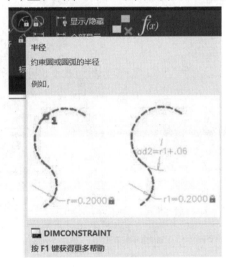

图 9-38　半径约束

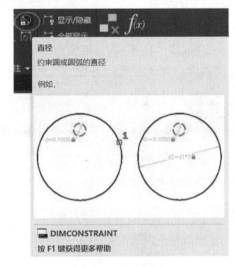

图 9-39　直径约束

(7)角度约束:可以约束直线间的夹角、圆弧的圆心角或 3 个点构成的角度,如图 9-40 所示。

(8)转换:将普通尺寸标注(与标注对象关联)转换为动态约束或注释性约束,如图 9-41 所示。

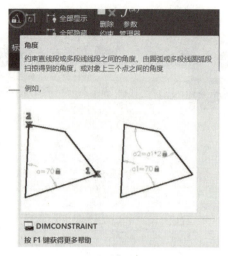

图 9-40 角度约束   图 9-41 转换

我们可以通过以上尺寸约束类型来添加合适的尺寸约束以完成图纸的绘制。

注意：

   添加尺寸约束的顺序一般为先定形后定位,先大后小。

知识点 4 尺寸约束的编辑

对于已创建的尺寸约束,可采用以下方法进行编辑：

(1)双击尺寸约束或利用 DDEDIT 命令编辑约束的值、变量名称或表达式。

(2)选中尺寸约束,拖动与其关联的三角形关键点改变约束的值,同时驱动图形对象改变。

尺寸约束的编辑

(3)选中约束,单击鼠标右键,利用快捷菜单中的相应命令编辑约束。

知识点 5 用户变量及方程式

尺寸约束通常是数值形式,但也可采用自定义变量或数学表达式。单击

用户变量及方程式

"参数化"→"管理"→"参数管理器"按钮  ,打开"参数管理器",如图 9-42 所示。此管理器显示所有尺寸约束及用户变量,利用它可轻松地对约束和变量进行管理。

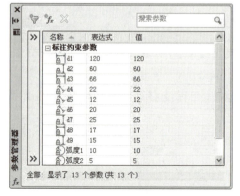

图 9-42 参数管理器

单击尺寸约束的名称以高亮显示图形中的约束。双击名称或表达式进行编辑。

单击鼠标右键并选择"删除参数"命令，以删除标注约束或用户变量。

单击列标题名称，对相应的列进行排序。

尺寸约束或变量采用表达式时，常用的运算符如表9-1所示。

表9-1　常用运算符

运算符	说明
+	加
−	减或取负值
*	乘
/	除
^	求幂
（）	圆括号或表达式分隔符

尺寸约束或变量采用表达式时，常用的数学函数如表9-2所示。

表9-2　表达式中支持的数学函数

名称	函数	名称	函数
余弦	cos	反余弦	acos
正弦	sin	反正弦	asin
正切	tan	反正切	atan
平方根	sqrt	幂函数	pow
基数为 e 的对数	ln	底数为 e 的指数函数	exp
基数为 10 的对数	lg	底数为 10 的指数函数	exp10
将度转换为弧度	d2r	将弧度转换为度	r2d

五、创新思维

创新绘制思路及过程

六、拓展提高

绘制如图 9-43 所示的图形。

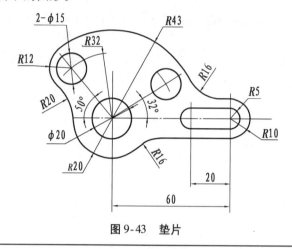

图 9-43　垫片

智能评测结果及问题分析

七、巩固实践

完成如图 9-44—图 9-48 所示的练习。

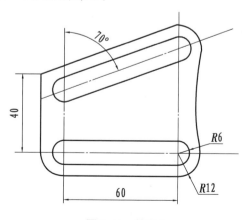

图 9-44　练习1

智能评测结果及问题分析

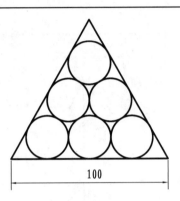

图 9-45 练习 2

智能评测结果及问题分析

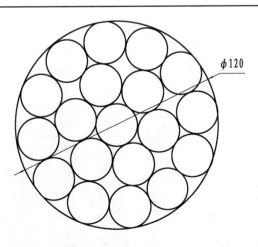

图 9-46 练习 3

智能评测结果及问题分析

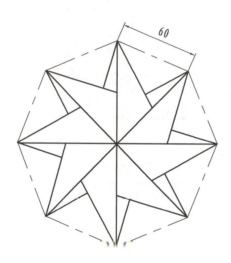

图9-47 练习4

智能评测结果及问题分析

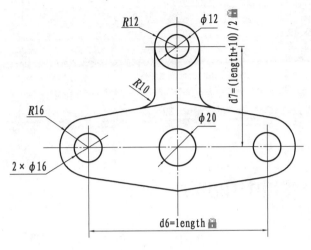

图 9-48　练习 5

说明：设置孔心矩 d6、d7 为注释性约束，在参数管理器中建立新的用户变量 length，修改标注约束参数变量 d6 = length，d7 = (length+10)/2。

智能评测结果及问题分析

项目四
打印图形

任务 10　模型空间中打印出图

 学习目标

1. 了解模型空间的作用;
2. 掌握在模型空间中打印图纸的设置;
3. 掌握在模型空间中打印出图。

 素养目标

1. 培养敢于尝试的创新精神;
2. 培养严谨细致的职业精神。

一、学习任务单

任务名称	模型空间中打印出图
任务描述	绘制法兰接头零件图,在模型空间中打印出图
任务分析	本任务复习零件图绘制方法,介绍在模型空间中打印出图的方法和步骤
成果展示与评价	各组成员各自完成绘制法兰接头零件图,在模型空间完成打印出图,并按照要求上传图形文件,智能评测软件和小组互评共同完成成绩的综合评定
任务小结	结合学生课堂表现和评测软件所给结果中的典型共性问题进行点评、总结

二、操作过程

第 1 步:在模型空间绘制法兰接头零件图,如图 10-1 所示。
第 2 步:在模型空间中调用"打印"命令,弹出"打印-模型"对话框,如图 10-2 所示。

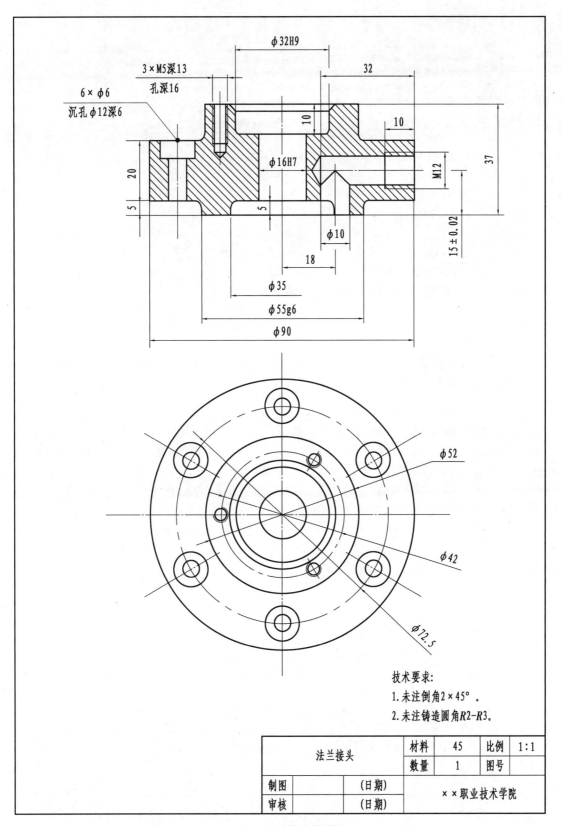

图 10-1　法兰接头零件图

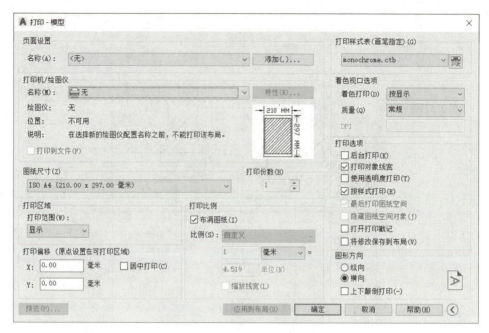

图 10-2　"打印-模型"对话框

第 3 步：设置打印机。在"打印机/绘图仪"选项区"名称"下拉列表中选择打印机。如果计算机上已经安装了打印机，可以选择已安装的打印机；如果没有安装打印机，则可以选择 AutoCAD 内部打印机".pc3"作为输出设备。

第 4 步：选择图纸尺寸。如图 10-3 所示，在"图纸尺寸"选项下拉列表中选择图纸，本例选择"ISO full bleed A4(210.00×297.00 毫米)"，这些图纸都是根据打印机的硬件信息列出来的。

图 10-3　选择图纸尺寸

第 5 步：设置打印区域。如图 10-4 所示，在"打印区域"选项区"打印范围"下拉列表中单击选择"窗口"，系统切换到绘图窗口，选择图纸的左上角点和右下角点以确定要打印的图纸范围。

第6步:在"打印偏移"选项区选择"居中打印",如图10-5所示。

图 10-4 选择打印范围　　　　　　图 10-5 设置打印偏移

第7步:确定打印比例。在"打印比例"选项区取消选择"布满图纸",如图10-6所示,在"比例"选项下拉列表中选择1∶1,以保证打印出来的图纸是1∶1的工程图。

第8步:设置图形方向。在本例中图是纵向的,故如图10-7所示在"图形方向"选项区选择"纵向"。

图 10-6 设置打印比例　　　　　　图 10-7 选择图形方向

第9步:预览。在"打印-模型"对话框左下角单击"预览"按钮,显示即将打印的图样如图10-8所示。如符合要求,单击"⊗"或按"Esc"或"Enter"或空格键关闭预览窗口,返回到"打印-模型"对话框,单击"确定"按钮开始打印;若不满意,关闭预览窗口,返回到"打印-模型"对话框,再重新调整设置。

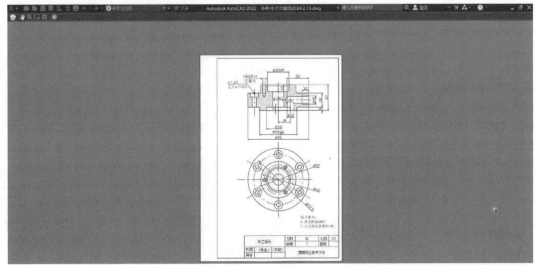

图 10-8 预览窗口

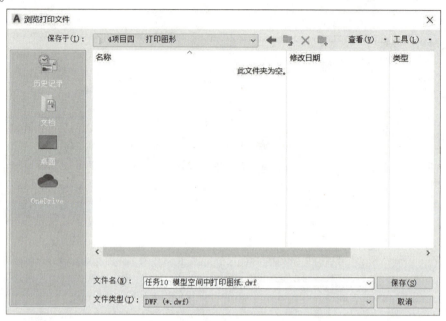

第10步：保存。如图10-9所示在弹出来的"浏览打印文件"对话框里保存该文件，便可以打印。

图10-9　浏览打印文件对话框

三、评测修改

使用智能评测软件对学生的绘图进行检测，记录出现的错误，学生根据评分细则一步步修改、完善图纸，快速提高CAD绘图能力。

智能评测结果及问题分析

四、任务依据

知识点1　模型空间

模型空间是建立模型时所处的AutoCAD绘图环境，可以进行二维图形绘制、三维实体造型，全方位地显示图形对象。模型空间是用户首先使用的工作空间，主要用于1∶1设计绘图，完成尺寸标注和文字注释。

模型空间

知识点2 图纸空间

图纸空间是建立和管理视图的 AutoCAD 二维绘图环境。在图纸空间可以按照模型对象不同方位地显示多个视图,按合适的比例在图纸空间中表示出来。图纸空间可以定义图纸的大小,生成图框和标题栏。

图纸空间

知识点3 调用"打印"命令

调用"打印"命令常用的方法有:

方法1:在功能区左上角单击""图标,单击"打印"面板中的"打印"命令,如图 10-10 所示,即可调用"打印"命令。

调用"打印"命令

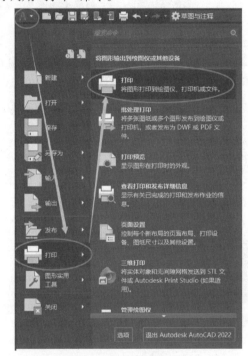

图 10-10 "A"调用"打印"命令

方法2:在软件界面最上一行单击"🖶"图标,如图 10-11 所示,即可调用"打印"命令。

图 10-11 用图标调用"打印"命令

方法3:在菜单栏单击"文件"→"打印",即可调用"打印"命令。

方法4:如图 10-12 所示,在菜单栏单击"输出"选项卡中的"打印"命令,即可调用"打印"命令。

方法5:按快捷键"Ctrl+P",即可调用"打印"命令。

图10-12 "输出"选项卡调用"打印"命令

注意:

打印样式表下拉列表选择"无",则打印出的图纸是图层设置的彩色图纸。打印样式表下拉列表选择"monochrome.ctb",则打印出的图纸是黑白的。

打印样式也可以在下拉列表选择"创建新的打印样式"。

知识点4　DWG 文件格式转换为 DWF 格式

AutoCAD 也可以方便地将 DWG 文件转换为 DWF 格式。只需要在"打印"命令调用后,在"打印机/绘图仪"列表中选择"DWF 6 ePlot.pc3",其他打印设置不变,单击打印并保存DWF 文件即可完成转换。

五、创新思维

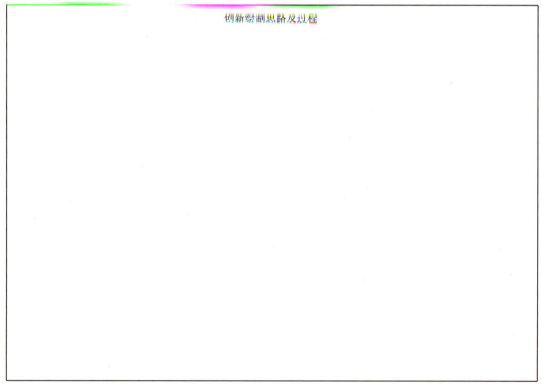

创新绘制思路及过程

任务 11 图纸空间用布局打印图纸

 学习目标

1. 了解布局的作用；
2. 掌握在图纸空间中打印图纸的设置；
3. 能在图纸空间中打印出图。

 素养目标

1. 培养勇于实践的创新精神；
2. 培养可持续发展理念。

一、学习任务单

任务名称	图纸空间中打印出图
任务描述	绘制传动轴零件图,在图纸空间中用布局打印出图
任务分析	本任务复习零件图绘制方法,介绍在图纸空间中用布局打印出图的方法和步骤
成果展示与评价	各组成员各自完成绘制传动轴零件图,在模型空间完成打印出图,并按照要求上传图形文件,智能评测软件和小组互评共同完成成绩的综合评定
任务小结	结合学生课堂表现和评测软件所给结果中的典型共性问题进行点评、总结

二、操作过程

第 1 步:在模型空间绘制传动轴零件图,如图 11-1 所示。

第 2 步:打开布局,进入图纸空间。如图 11-2 所示,在左下角单击"布局"即可进入图纸空间。AutoCAD 软件默认提供 2 个布局空间,如果有需要可以单击"布局 2"右侧的"+"新建多个布局。

第 3 步:删除布局中的视口视图。选中视口视图,单击"修改"面板中的""按钮或者按 Delete 键即可完成删除。

第 4 步:对布局图纸空间进行页面设置。

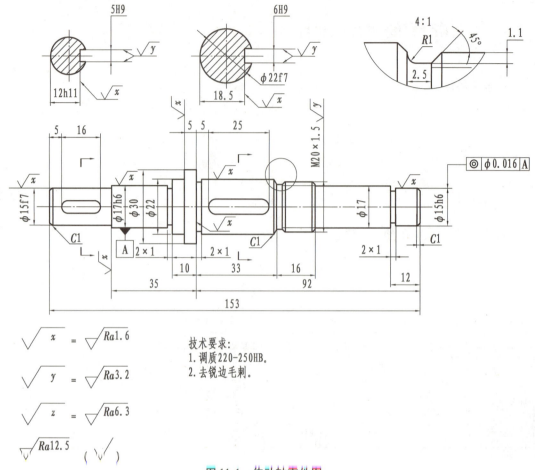

图 11-1　传动轴零件图

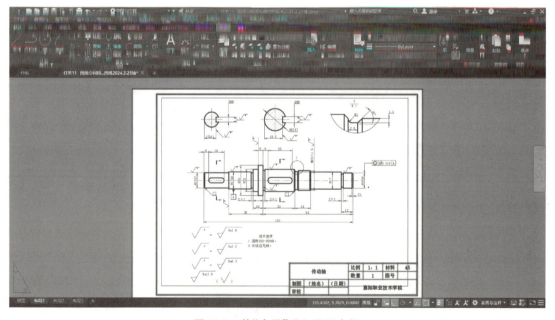

图 11-2　从"布局"进入图纸空间

（1）如图11-3所示，单击绘图界面左上角"A"图标，单击"打印"，单击"页面设置"即可打开如图11-4所示的"页面设置管理器"对话框；或者单击工具栏的"布局"选项卡下的

""，也可以打开"页面设置管理器"对话框。

页面设置管理器

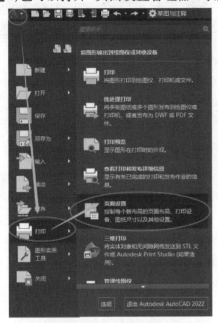

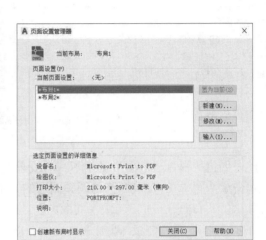

图11-3 进入"页面设置"的路径　　　　图11-4 "页面设置管理器"对话框

（2）单击"修改"按钮，弹出"页面设置-布局1"对话框，如图11-5所示。

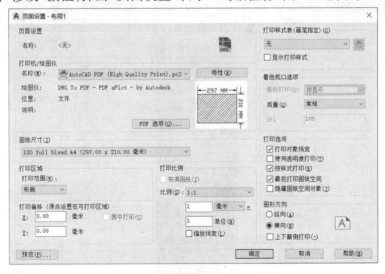

图11-5 "页面设置-布局1"对话框

（3）设置"打印机/绘图仪"。如果计算机上已经安装了打印机，选择已安装的打印机；如果没有安装打印机，则可以选择".pc3"的内部打印机作为输出设备。

（4）设置图纸尺寸。选择"ISO full bleed A4（297.00×210.00毫米）"。

（5）设置打印区域为"窗口"，选择图纸的左上角点和右下角点以确定要打印的图纸

范围。

其他设置和在模型空间打印图纸设置相同,在"图形方向"选项区域中选择"纵向",单击"确定",即可完成页面设置,单击关闭。

第5步:插入图框、标题栏。将已经建立好的 A4 横放图框和标题栏的图块插入布局页面合适的位置。

第6步:创建视口。单击工具栏"布局"选项卡下的"▤ 矩形 ▾",打开"页面设置管理器"对话框。

操作步骤如下:

命令:_vports 指定视口的角点或[开(ON)/关(OFF)/布满(F)/着色打印(S)/锁定(L)/新建(NE)/命名(NA)/对象(O)/多边形(P)/恢复(R)/图层(LA)/2/3/4]<布满>:	启动"布局"选项卡下的"▤ 矩形 ▾"命令
指定对角点:正在重生成模型	在 A4 图框内合适位置利用鼠标对角点框选出矩形,即可创建视口

此时创建的视口通常图形显示不清晰或者不完整,不能直接用,需要调整视口的图形大小。双击激活图中视口,鼠标滚轮调整图形的大小和位置,使图形全部显示并处于视口中间位置。

在如图 11-6 所示位置,调整视口比例。如果视口比例均不合适,也可以自定义,如图 11-7 所示。

图 11-6 确定视口比例

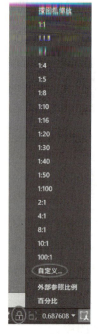

图 11-7 视口比例

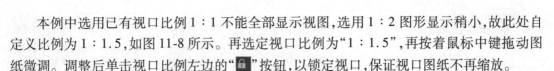

本例中选用已有视口比例1∶1不能全部显示视图,选用1∶2图形显示稍小,故此处自定义比例为1∶1.5,如图11-8所示。再选定视口比例为"1∶1.5",再按着鼠标中键拖动图纸微调。调整后单击视口比例左边的"🔒"按钮,以锁定视口,保证视口图纸不再缩放。

图11-8 "编辑图形比例"对话框

双击图纸旁边灰色区域,退出视口。

第7步:隐藏视口矩形框线条。单击选中视口矩形框,将视口矩形框图层移动到"Defpoints"图层(因为Defpoints图层不能被打印),即可隐藏视口矩形框。

"布局"打印
图纸案例

第8步:用布局打印图纸。单击"打印",其他设置不用修改,重新选择"窗口",用鼠标选择图纸的左上角点和右下角点完成。预览确定无误,单击"应用到布局",单击"确定"即可完成打印。

"应用到布局"可以使下一次打印时直接在"页面设置"→"名称"位置选择"上一次打印"或者选择布局的名字,直接确定即可完成打印。此方法对多次打印图纸非常友好,不需要重新选择参数。

三、评测修改

使用智能评测软件对学生的绘图进行检测,记录出现的错误,学生根据评分细则一步步修改、完善图纸,快速提高CAD绘图能力。

智能评测结果及问题分析

四、任务依据

知识点1　布局

布局用于创建图纸的二维工作环境。

布局内的区域称为图纸空间,可以在其中添加标题栏,显示布局视口内模型空间的缩放视图,并为图形创建表格、明细表、说明和标注。

如图11-9所示,可通过单击绘图区左下角"模型"选项卡右侧的"布局"按钮,访问一个或多个布局。可以使用多个布局选项卡,按多个比例和不同的图纸大小显示各种模型组件的详细信息。

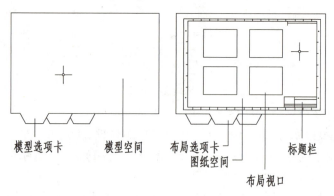

图11-9　布局

知识点2　布局视口

布局视口是显示模型空间的视图的对象,在布局的图纸空间中创建、缩放并放置它们。在每个布局上,可以创建一个或多个布局视口。每个布局视口类似于一个按某一比例和所指定方向来显示模型视图的电视监视器。

知识点3　修改布局视口

创建布局视口后,可以更改其大小和特性,还可以对其进行缩放和移动。

要控制布局视口的所有特性,可使用"特性"选项板。

要进行最常见的更改布局视口,需选择一个布局视口并使用其夹点,如图11-10所示。

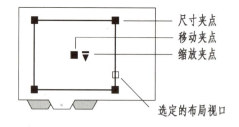

图11-10　修改布局视口

注意:

　　因为布局视口显示的是对象,所以还可以在布局视口上使用诸如COPY、MOVE和ERASE等编辑命令。

知识点 4　锁定布局视口

为防止意外平移和缩放,每个布局视口都具有"显示锁定"特性,可启用或禁用该特性。可以通过"特性"选项板、快捷菜单(当布局视口处于选定状态时)、功能区上"布局视口"选项卡中的按钮,以及状态栏上的按钮(当一个或多个布局视口处于选定状态时)访问此特性。

知识点 5　创建非矩形布局视口

通过 MVIEW 或 VPORTS 命令将在图纸空间创建的几何对象转换为布局视口,可以创建具有非矩形边界的新视口。

使用"对象"选项,可以选择一个闭合对象(如在图纸空间中创建的圆或闭合多段线)以转换为布局视口。创建视口后,定义视口边界的对象将与该视口相关联。

在"布局"选项卡通过"多边形"选项,可以通过指定点来创建非矩形布局视口。所显示的提示与用于创建多段线的提示相同。

> **注意:**
>
> 建议将当前图层设置为针对布局视口保留的图层。布局视口的边界可见性由图层可见性控制。
>
> 如果希望不显示布局视口边界,应该关闭非矩形视口的图层,而不是冻结该图层。如果非矩形布局视口中的图层被冻结,则视口将无法正确剪裁。

五、创新思维

创新绘制思路及过程

输出PDF文档

任务12 输出 PDF 文档

 学习目标

1. 掌握输出 PDF 文档的设置;
2. 掌握批处理打印的方法。

 素养目标

1. 培养推陈出新、尽善尽美的职业操守;
2. 培养力求完美的创新精神。

一、学习任务单

任务名称	输出 PDF 文档
任务描述	绘制泵体零件图,在模型空间输出 PDF 打印出图
任务分析	本任务复习零件图绘制方法,介绍在模型空间中打印输出 PDF 图纸文档的方法和步骤
成果展示与评价	各组成员各自完成绘制泵体零件图,打印输出 PDF 图纸文档,并按要求上传图形文件,智能评测软件和小组互评共同完成成绩的综合评定
任务小结	结合学生课堂表现和评测软件所给结果中的典型共性问题进行点评、总结

二、操作过程

第 1 步:在模型空间绘制如图 12-1 所示泵体零件图,绘制图框、标题栏,填写技术要求。

第 2 步:进行打印设置,打开布局,进入图纸空间,创建泵体零件图布局。

使用键盘输入"Ctrl+P"快捷调用"打印"命令,如图 12-2 所示,选择"打印机/绘图仪"为"DWG To PDF. pc3"。

图纸尺寸选择"ISO full bleed A4(297.00×210.00 毫米)",打印范围选择"窗口",鼠标单击待打印的图纸左上角点和右下角点,打印比例选择"1∶1",图形方向选择"横向",打印样式表选择"monochrome. ctb"实现黑白打印。单击"预览",确认无误,单击"确定",弹出如图 12-3 所示的"浏览打印文件"对话框,选择存储位置,修改保存文件名,即可完成 PDF 图纸文件的输出。

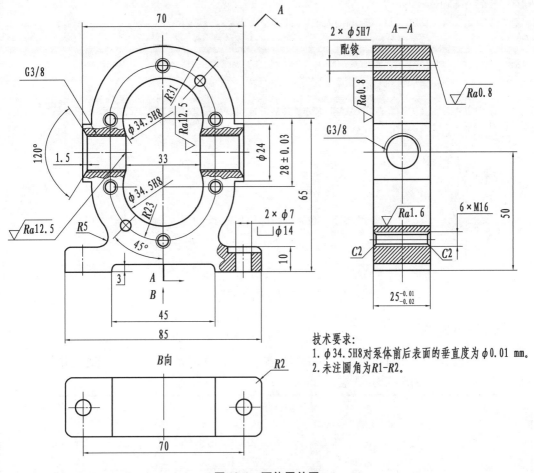

图 12-1 泵体零件图

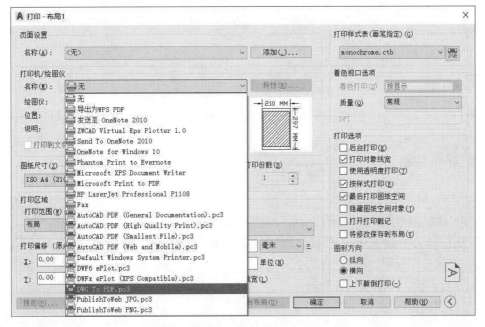

图 12-2 选择"打印机/绘图仪"为"DWG To PDF.pc3"

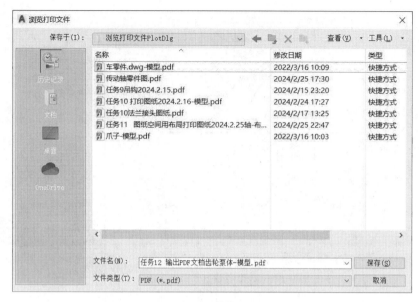

图 12-3 "浏览打印文件"对话框

三、评测修改

使用智能评测软件对学生的绘图进行检测,记录出现的错误,学生根据评分细则一步步修改、完善图纸,快速提高 CAD 绘图能力。

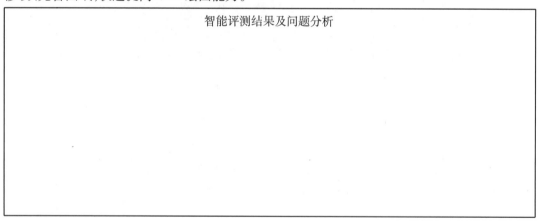

智能评测结果及问题分析

四、任务依据

知识点　批处理打印

利用"批处理打印"命令,可以合并图形集、创建图纸或电子图形集,并将图形发布为 DWF、DWFx 和 PDF 文件,或发布到打印机或绘图仪。

调用"批处理打印"命令的方法有:

方法1:如图 12-4 所示,在功能区单击"输出"→"打印"→"批处理打印"。

批处理打印

图 12-4　"输出"选项卡中的"批处理打印"

方法 2：如图 12-5 所示，在菜单栏单击应用程序"A"按钮，单击"打印"中的"批处理打印"。

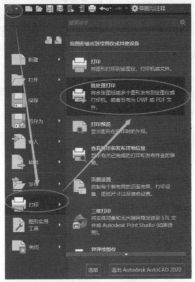

图 12-5　"应用程序"中的"批处理打印"

方法 3：在菜单栏单击应用程序"A"按钮，单击"发布"。

方法 4：用键盘输入"PUBLISH"。

以上方法均可调用"批处理打印"命令，弹出如图 12-6 所示"发布"对话框。

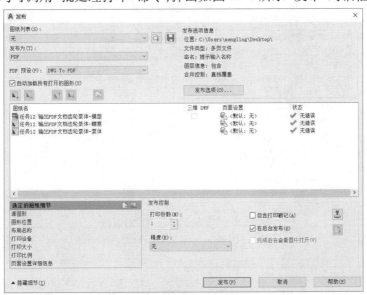

图 12-6　"发布"对话框

发布文件后,可以在列表处显示已经打开的图纸名称。在"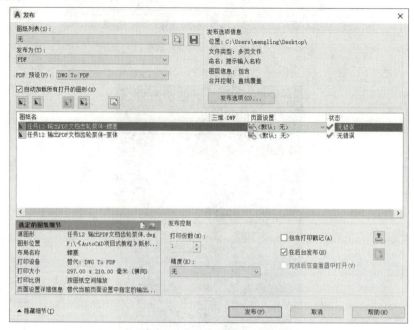"位置可以添加图纸到图形列表。对于图形列表中不需要的图形可以选中后右键选择"删除",只留下泵体和螺塞,如图 12-7 所示。

图 12-7 删除不需要发布的图纸

单击"发布",弹出如图 12-8 所示"指定 PDF 文件"对话框,在"保存于"处指定保存路径、文件名,单击"选择"即可弹出如图 12-9 所示"发布-保存图纸列表"对话框,批量导出 PDF 图纸。

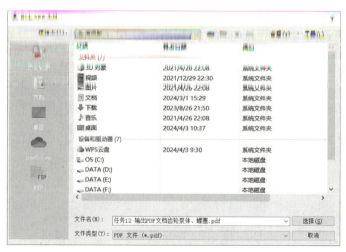

图 12-8 "指定 PDF 文件"对话框

图 12-9 "发布-保存图纸列表"对话框

如果需要保存当前图纸列表,单击"是"按钮,如果需要继续修改则单击"否"。确定无误单击"是",即可弹出如图 12-10 所示,"打印–正在处理后台作业"对话框。

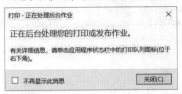

图 12-10 "打印–正在处理后台作业"对话框

关闭"打印–正在处理后台作业"对话框,在软件界面右下角显示如图 12-11 所示"完成打印和发布作业"提示框,单击""可以查看打印和发布详细信息,如图 12-12 所示。至此图纸批量打印完成。

图 12-11 "完成打印和发布作业"提示框

图 12-12 "打印和发布详细信息"对话框

在指定的保存路径下打开刚已经保存的文件,查看发布的 PDF 文档。

五、创新思维

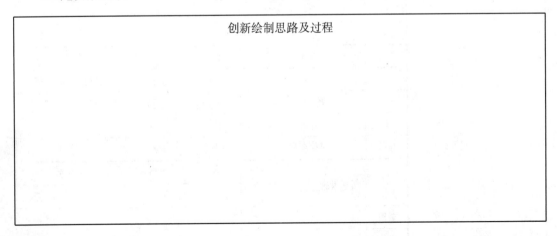

创新绘制思路及过程

附录

低速滑轮装置
零件图及装配
图

附录 1　低速滑轮装置零件图及装配图

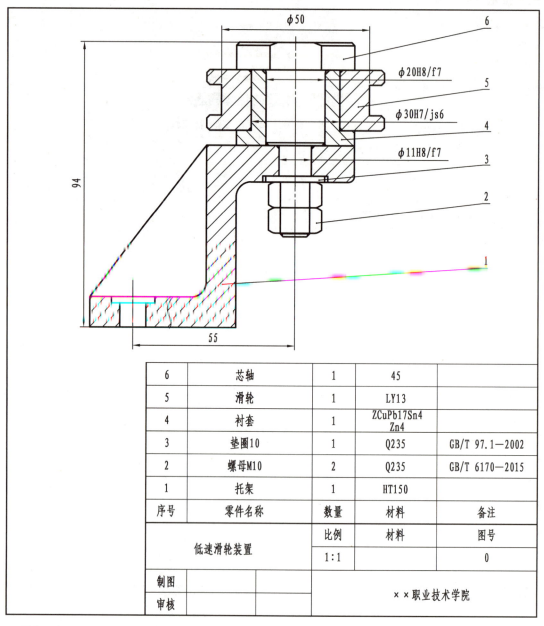

6	芯轴	1	45	
5	滑轮	1	LY13	
4	衬套	1	ZCuPb17Sn4 Zn4	
3	垫圈10	1	Q235	GB/T 97.1—2002
2	螺母M10	2	Q235	GB/T 6170—2015
1	托架	1	HT150	
序号	零件名称	数量	材料	备注

低速滑轮装置		比例	材料	图号
		1:1		0
制图			××职业技术学院	
审核				

图中标注：φ50、φ20H8/f7、φ30H7/js6、φ11H8/f7、94、55

支顶零件图及装配图

附录2 支顶零件图及装配图

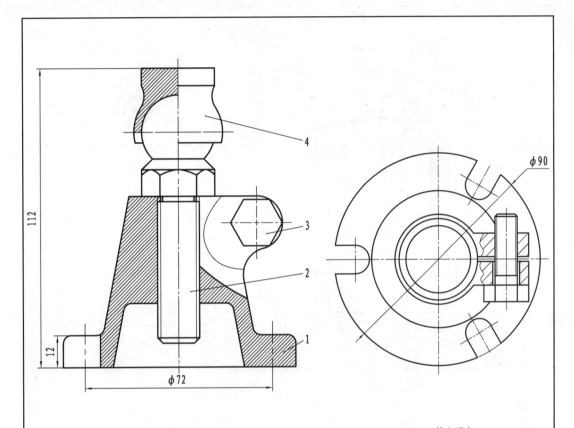

技术要求

1.装配过程中零件不允许磕、碰、划伤和锈蚀。

2.手动转动顶杆应旋转灵活。

4	顶碗	1	45	
3	螺栓M10×30	1	45	GB 5780—2016
2	顶杆	1	45	
1	顶座	1	45HT20-40	
序号	零件名称	数量	材料	备注
支顶		比例	材料	图号
		1:1		
制图			××职业技术学院	
审核				

空气过滤器零件图及装配图

附录3 空气过滤器零件图及装配图

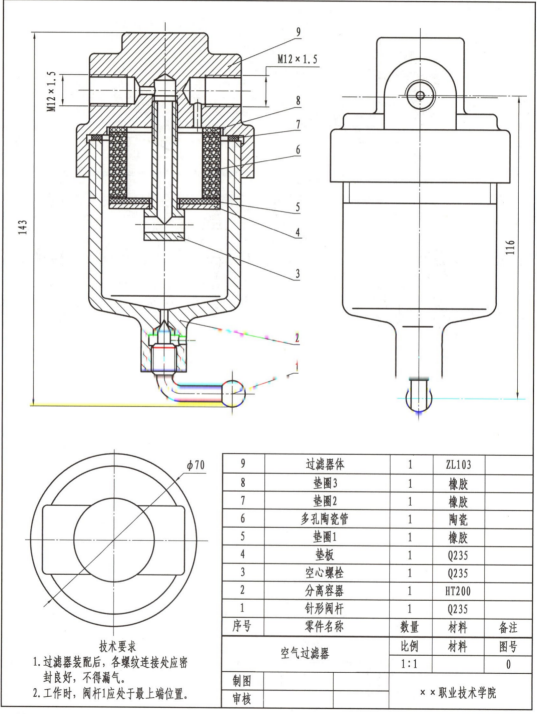

9	过滤器体	1	ZL103	
8	垫圈3	1	橡胶	
7	垫圈2	1	橡胶	
6	多孔陶瓷管	1	陶瓷	
5	垫圈1	1	橡胶	
4	垫板	1	Q235	
3	空心螺栓	1	Q235	
2	分离容器	1	HT200	
1	针形阀杆	1	Q235	
序号	零件名称	数量	材料	备注
空气过滤器		比例	材料	图号
		1:1		0
制图			××职业技术学院	
审核				

技术要求

1. 过滤器装配后，各螺纹连接处应密封良好，不得漏气。
2. 工作时，阀杆1应处于最上端位置。

千斤顶零件图
及装配图

附录4　千斤顶零件图及装配图

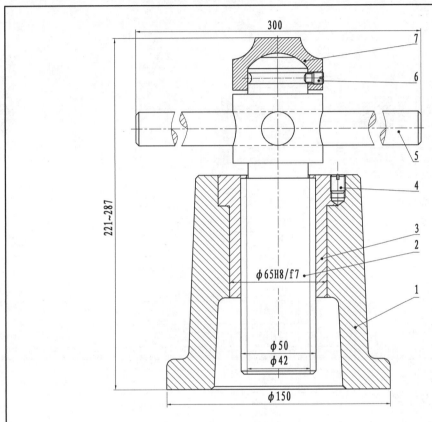

技术要求
转动部件要灵活，不得有卡死现向。

7	顶垫	1	Q235	
6	开槽长圆柱紧定螺钉M8×12	1		GB/T 75—2018
5	绞杠	1	45	
4	开槽平端紧定螺钉M10×12	1		GB/T 73—2017
3	螺套	1	45	
2	螺旋杆	1	45	
1	底座	1	HT200	
序号	零件名称	数量	材料	备注

千斤顶	比例	材料	图号
	1:1		

制图		××职业技术学院
审核		

截止阀零件图
及装配图

附录5　截止阀零件图及装配图

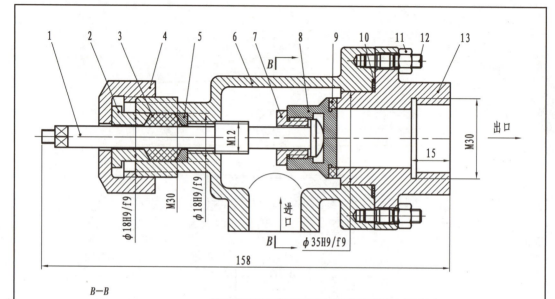

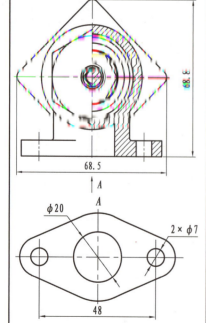

13	阀座	1	HT150	
12	螺柱M5×18	4	Q235A	
12	螺母M5	4	Q235A	GB/T 898—1988
10	密封垫	1	耐油橡胶	GB/T 6175—2016
9	密封圈	1	耐油橡胶	
8	阀门	1	ZCuZn38	
7	锁止套	1	ZCuZn38	
6	阀体	1	HT150	
5	垫圈	1	20	
4	螺母	1	Q235A	
3	填料	1	油毡	
2	填料压盖	1	20	
1	阀杆	1	45	
序号	名称	数量	材料	备注
截止阀		比例	材料	图号
		1:1		JZF-0
制图				
审核		××职业技术学院		

截止阀工作原理:
　当阀杆1逆时针旋转时，带动锁止套7,阀门8和密封圈9向左移动，阀开启，流体通过;当阀杆1顺时针旋转时，带动锁止套7,阀门8和密封圈9向右移动，阀关闭，流体停止。

柱塞泵零件图
及装配图

附录6 柱塞泵零件图及装配图

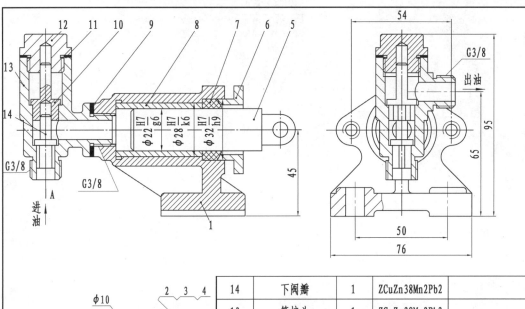

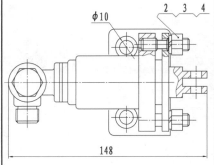

14	下阀瓣	1	ZCuZn38Mn2Pb2	
13	管接头	1	ZCuZn38Mn2Pb2	
12	盖螺母	1	ZCuZn38Mn2Pb2	
12	垫片φ20	1	耐油橡胶	GB/T 5574—2008
10	上阀瓣	1	ZCuZn38Mn2Pb2	
9	垫片φ17	1	耐油橡胶	GB/T 5574—2008
8	衬套	1	ZCuZn38Mn2Pb2	
7	填料YS450	1	石棉盘根	
6	填料压盖	1	ZCuZn38Mn2Pb2	
5	柱塞	1	45	
4	双头螺柱M8×25	2	35	GB/T 899
3	弹性垫圈φ8	2	65Mn	GB/T 93
2	螺母M8	2	35	GB/T 6170
1	泵体	1	HT150	
序号	名称	数量	材料	备注

柱塞泵		比例	材料	图号
		1:1		ZSB-0
制图				
审核		××职业技术学院		

技术要求
1.零件在装配前必须清理和清洗干净,不
得有毛刺、飞边、锈蚀等。
2.装配过程中零件不允许磕、碰、划伤。
3.试验压力0.6 MPa,工作压力0.5 MPa。
4.试验压力为0.6 MPa时无泄漏现象。

附录7 灿态 CAD 智能评测软件介绍

灿态CAD智能
评测软件介绍

参考文献

［1］管殿柱.计算机绘图:AutoCAD 2022 版［M］.4 版.北京:机械工业出版社,2023.

［2］姜勇,沈精虎.AutoCAD 机械设计标准教程:慕课版［M］.北京:人民邮电出版社,2016.

［3］王灵珠,许启高.AutoCAD 2020 机械制图实用教程［M］.北京:机械工业出版社,2022.

［4］陈卫红.AutoCAD 2020 项目教程［M］.北京:机械工业出版社,2020.

［5］王小萍,王朝辉,谢正银,等.工程制图［M］.成都:电子科技大学出版社,2019.

［6］黄少华.AutoCAD 项目化教程:2020 版［M］.北京:机械工业出版社,2023.

［7］何世松,贾颖莲,徐林林,等.AutoCAD 图样绘制与输出:2020 版［M］.北京:机械工业出版社,2023.